成功

Eureka Math®
1年级
模块4-6

Great Minds PBC is the creator of Eureka Math®,
Wit & Wisdom®, Alexandria Plan™, and Phd Science™.

Published by Great Minds PBC. greatminds.org

Copyright © 2020 Great Minds PBC. All rights reserved. No part of this work may be reproduced or used in any form or by any means—graphic, electronic, or mechanical, including photocopying or information storage and retrieval systems—without written permission from the copyright holder.

ISBN 978-1-64929-250-6

1 2 3 4 5 6 7 8 9 10 CCD 25 24 23 22 21 20

Printed in the USA

学习·练习·成功

Eureka Math® 的学生教材 A Story of Units® (幼儿园到 5 年级)可以在学习、练习、成功三合一课程中取得。本系列支持差异学习和辅导，同时保持学生教材条理清晰且易于使用。教育人员会发现学习、练习 和成功系列还具备连贯性的因此更有效的干预-响应(Response to Intervention / RTI)资源，并提供额外练习和暑假学习资源。

学习

Eureka Math 学习可作为学生的课堂伙伴，帮助其展示自己的想法、分享他们知道的内容、看着他们每天累积知识。学习通过容易存放和浏览的书册集合了每日的课堂作业—应用题、退出票、问题集和模版。

练习

每堂 Eureka Math 课程从一系列充满活力、欢乐的掌握度活动开始进行，包括 Eureka Math 练习的内容。精通数学的学生可以更深入地掌握更多教材。通过练习，学生将掌握新习得的技能，并加强以前的学习，为下一堂课做准备。

学习和练习一起提供学生用于核心数学教学所需的所有印刷教材。

成功

Eureka Math 成功让学生可以独立学习并精通内容。每一课的额外问题集都与课堂的教学一致，因此非常适合当作家庭作业或额外练习。每个问题集都伴随一个家庭作业助手，它是一组说明如何解决类似习题的练习例题。

老师和导师可以使用前一年级的成功课本作为课程一致性的工具，以填补基础知识的落差。随着熟悉的模型加强与当前年级内容的联系，学生将蓬勃发展，并更快地进步。

学生，家庭和教育工作者：

谢谢您加入 Eureka Math® 社区，我们在此赞扬数学带来的乐趣、美好和震撼。

没有什么比得过成功的满意—学生的能力变得越强，他们的动力和参与度就越大。*Eureka Math*成功课本为学生提供所需的指导和额外的练习，帮助他们巩固基础知识并掌握新教材。

成功课本的内容是什么？

*Eureka Math*成功课本提供与*A Story of Units*®（单位的故事）并进的支持练习集。每个成功课程都从一个叫做家庭作业助手的例题集开始进行，说明建立课程理解所用的建构与推理能力。接下来，学生将通过一系列精心排序的习题进行支架性练习，从建立信心开始逐步进展到复杂的问题。

应该如何使用成功课本？

成功课本的精选集可作为差异化的教学、练习、作业或干预性学习。当与Eureka Math数字评估系统— *Affirm*® 结合使用时，成功课程使得教育工作者能够给予学生有针对性的练习，并对学生的进步情况作出评估。成功课程可完美搭配单位的故事里使用的数学模型和语言，确保学生感受到与日常教学的连结性与相关性，不论他们是在学习基础技能还是在当前的主题上进行额外的练习。

在哪里可以了解更多 Eureka Math 的资源？

Great Minds® 团队致力于通过不断扩充的资源库为学生、家庭和教育人员提供支持，请访问：eureka-math.org。此网站还提供了一些*Eureka Math*社区令人振奋的成功案例。通过成为 *Eureka Math* 的优胜者，与其他用户分享您的见解和成就。

祝福您一整年都充满着美好的 Eureka 时刻！

吉尔·迪尼兹（Jill Diniz）
数学总监
Great Minds

目录

模块4：40以内的位值、比较、加法和减法

主题A：十位数和个位数

第一课 3

第二课 7

第三课 11

第四课 15

第五课 19

第六课 23

主题B：两位数字对的比较

第七课 27

第八课 33

第九课 37

第十课 41

主题C：十位数的加减法

第十一课 45

第十二课 49

主题D：十位数或个位数到两位数的加法

第十三课 53

第十四课 57

第十五课 61

第十六课 65

第十七课 69

第十八课 73

主题E：20以内的各种类型习题

第十九课 77

第二十课 81

第二十一课 85

第二十二课 89

主题F：十位数和个位数到两位数的加法

  第二十三课 93

  第二十四课 97

  第二十五课 101

  第二十六课 105

  第二十七课 109

  第二十八课 113

  第二十九课 117

模块5：识别，组合和分割形状

主题A：形状的属性

  第一课 123

  第二课 129

  第三课 133

主题B：复合形状中的部分-整体关系

  第四课 137

  第五课 141

  第六课 147

主题C：矩形和圆的两等分和四等分

  第七课 151

  第八课 155

  第九课 159

主题D：应用半小时表示时间

  第十课 163

  第十一课 167

  第十二课 171

  第十三课 175

模块6：100以内的数位、比较、加法和减法

主题A：比较文字题

  第一课 181

  第二课 185

主题B：120以内的数字

- 第三课 189
- 第四课 193
- 第五课 197
- 第六课 201
- 第七课 205
- 第八课 209
- 第九课 213

主题C：使用数位理解100以内加法

- 第十课 217
- 第十一课 221
- 第十二课 225
- 第十三课 229
- 第十四课 233
- 第十五课 237
- 第十六课 241
- 第十七课 245

主题D：不同数位策略的100以内加法

- 第十八课 249
- 第十九课 253

主题E：硬币及其值

- 第二十课 257
- 第二十一课 261
- 第二十二课 265
- 第二十三课 269
- 第二十四课 273

主题F：20以内的各种习题类型

- 第二十五课 277
- 第二十六课 281
- 第二十七课 285

主题G：终极体验

- 第二十八课 289
- 第二十九课 293
- 第三十课 295

1年级模块4

中级教程 4

1. 圈出10的组。写下数字以显示对象的总数。

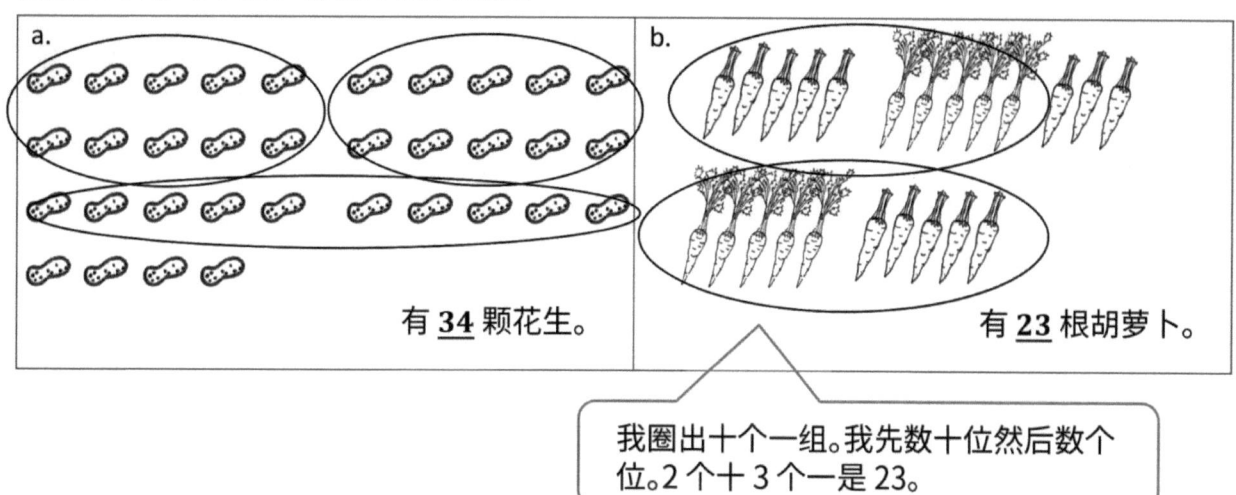

2. 编写数字键以显示十位数和个位数。圈出十位数来帮助。写下数字以显示对象的总数。

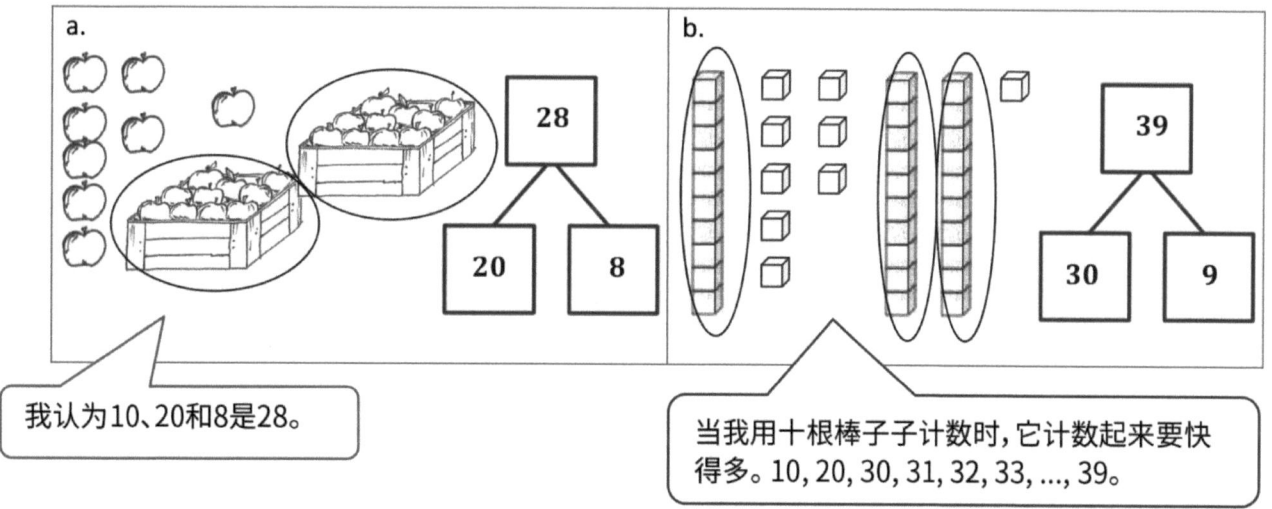

第一课： 比较以个位数和十位数计数的效率。

绘制或完成数学绘图以显示十位数和个位数。完成数字链。

3.

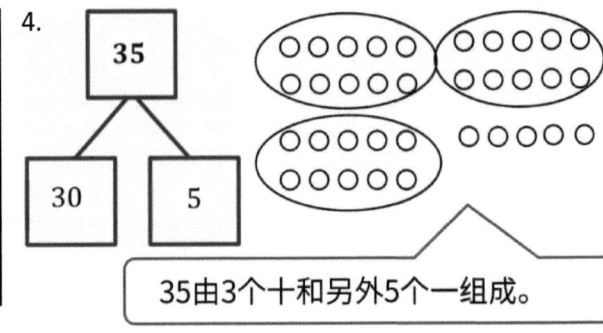

4.

35由3个十和另外5个一组成。

姓名 _____ 日期 _____

圈出10的组。写下数字以显示对象的总数。

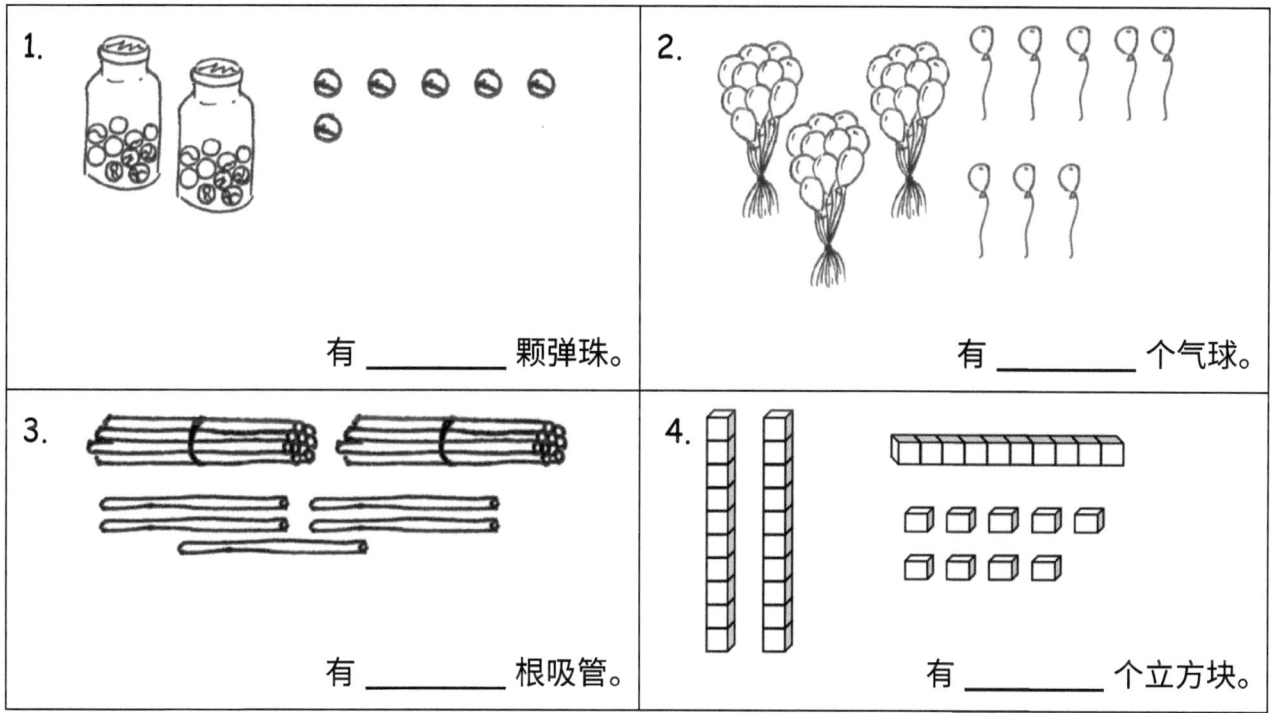

1. 有 _____ 颗弹珠。

2. 有 _____ 个气球。

3. 有 _____ 根吸管。

4. 有 _____ 个立方块。

编写数字链以显示十位数和个位数。圈出十位数来帮助。写下数字以显示对象的总数。

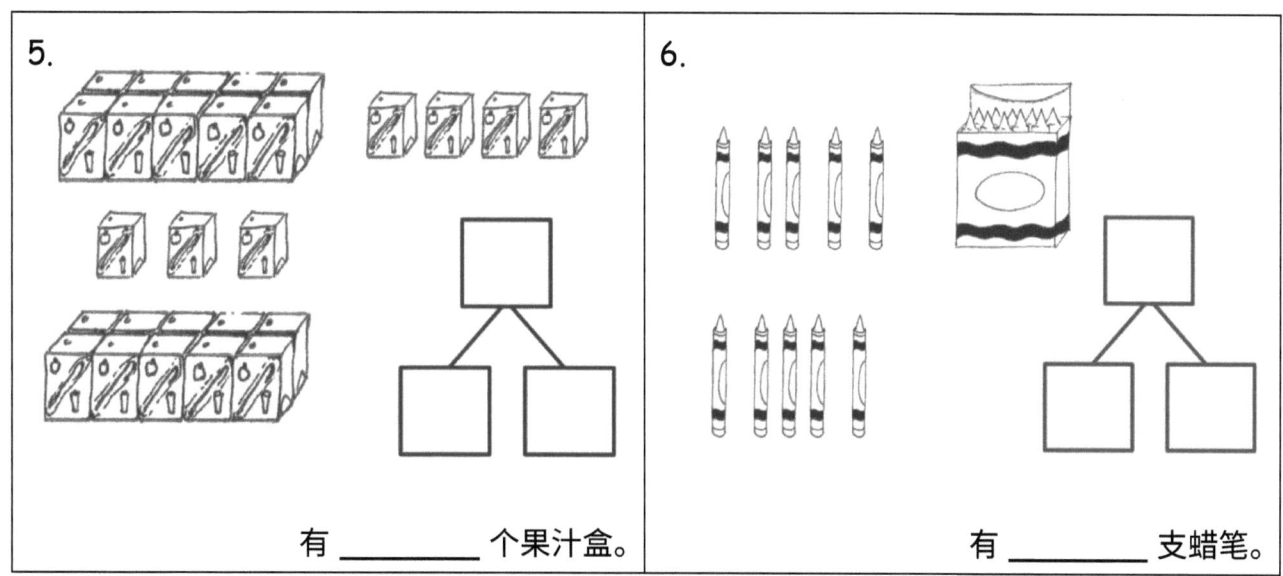

5. 有 _____ 个果汁盒。

6. 有 _____ 支蜡笔。

编写数字链以显示十位数和个位数。圈出十位数来帮助。写下数字以显示对象的总数。

7. 有 _____ 个立方块。

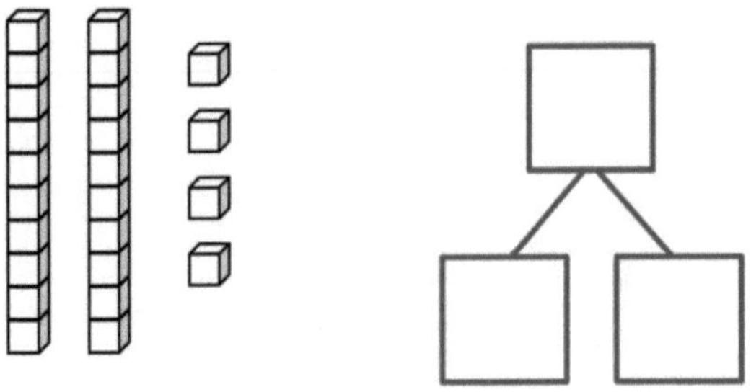

8. 有 _____ 个立方块。

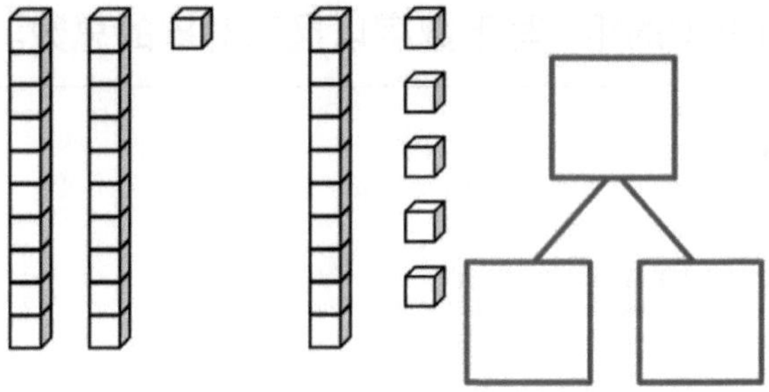

9. 有 _____ 个立方块。

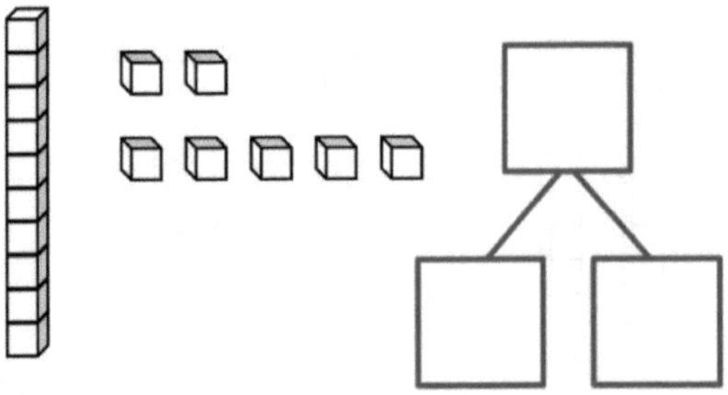

10. 有 _____ 个立方块。

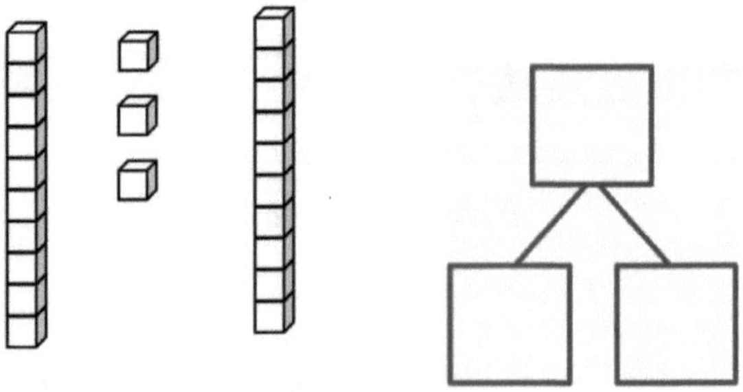

绘制或完成数学图以显示十位数和个位数。完成数字链。

11.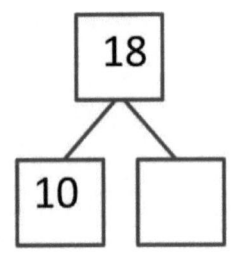

12.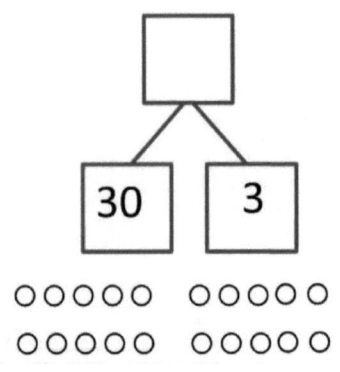

写出十位数和个位数。完成陈述句。

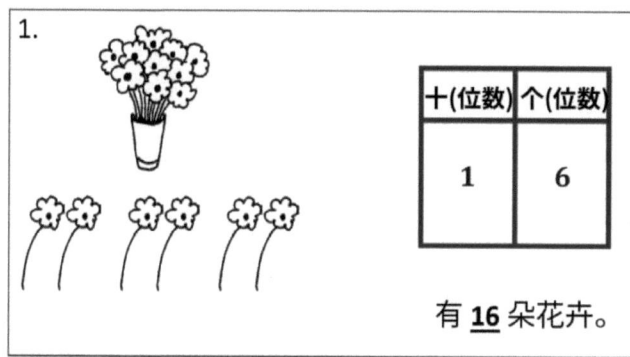

在数字16中，1代表1个十。6代表6个一。

写出十位数和个位数。完成陈述句。

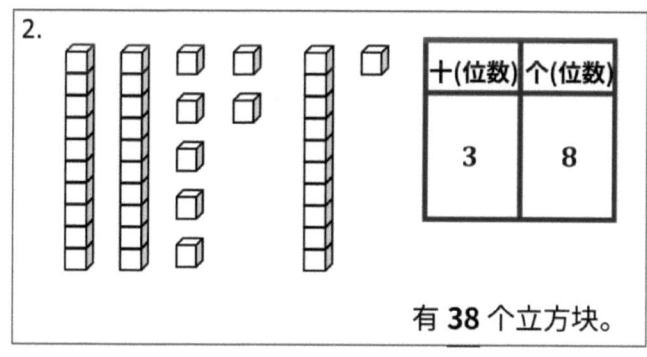

38可以分为2部分：30和8。
我有3个十的棍棒和另外8个一的棍棒。

写出缺少的数字。用常规方式和数十法表示。

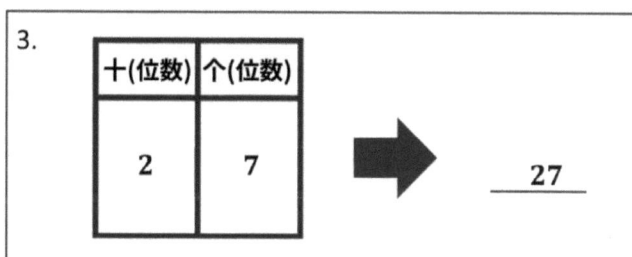

我看一下位值图表。2个十和7个一是27。我可以使用说十法：2个十7。

第二课： 使用数位表记录和命名一个两位数以内的十位数和个位数。

4. 选择一个小于 40 的数字。绘制数学图以表示它。填写数字链和数位表。

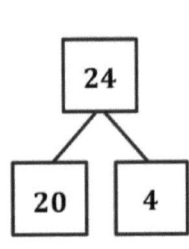 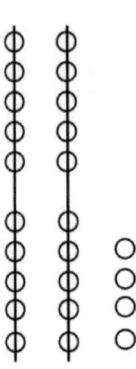

我可以制作5-组柱状图。我画2个十和4个一。24是20和4。

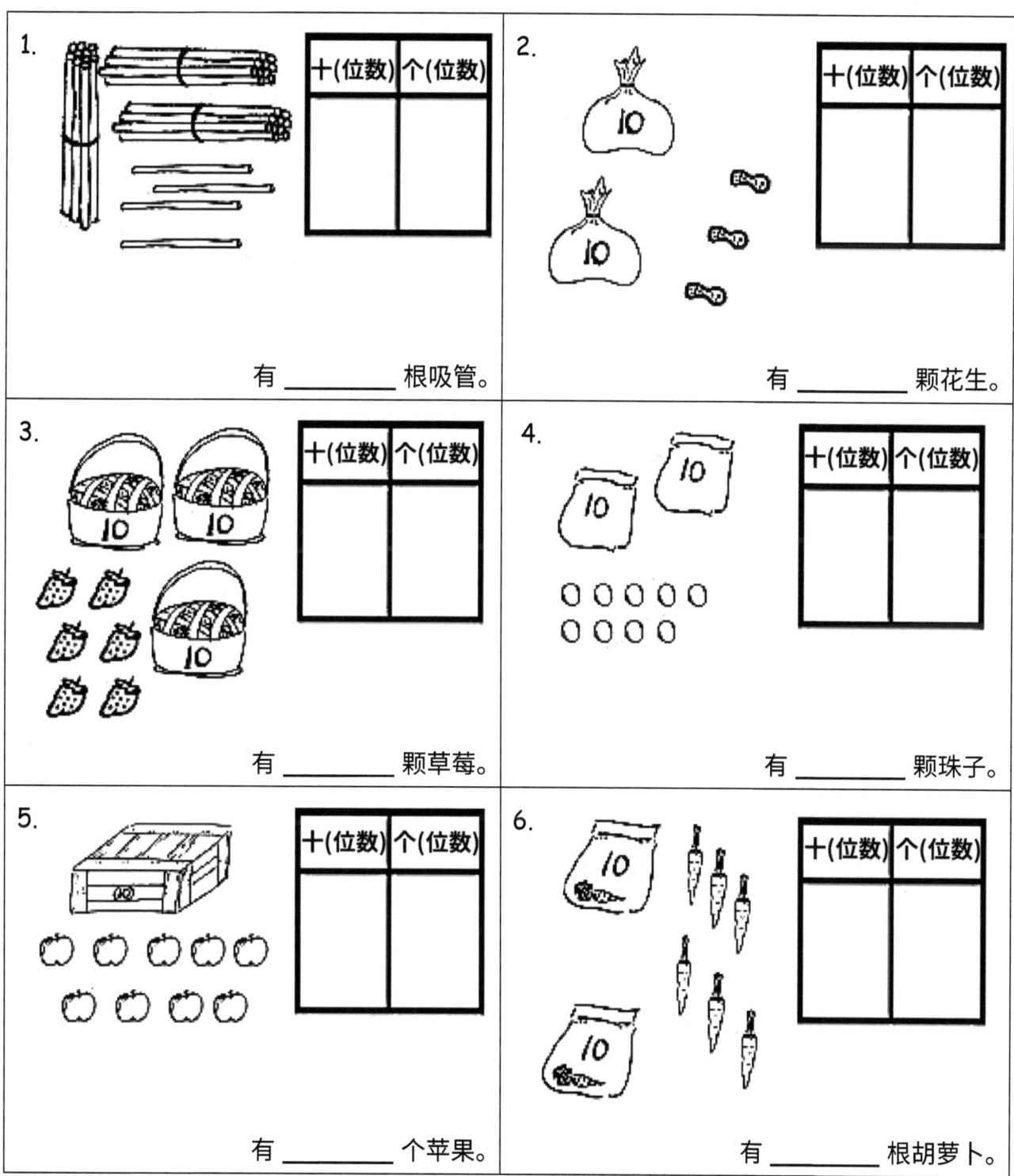

写出十位数和个位数。完成陈述句。

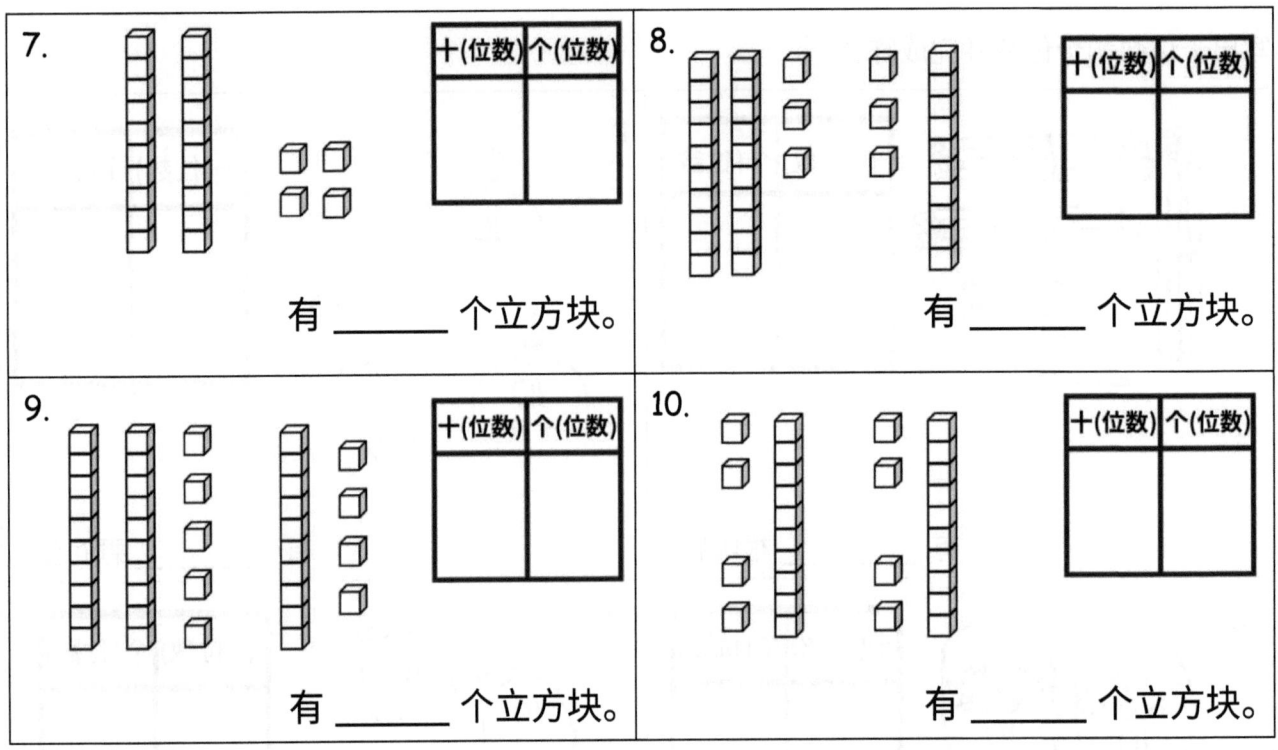

写出缺少的数字。用常规方式和数十法表示。

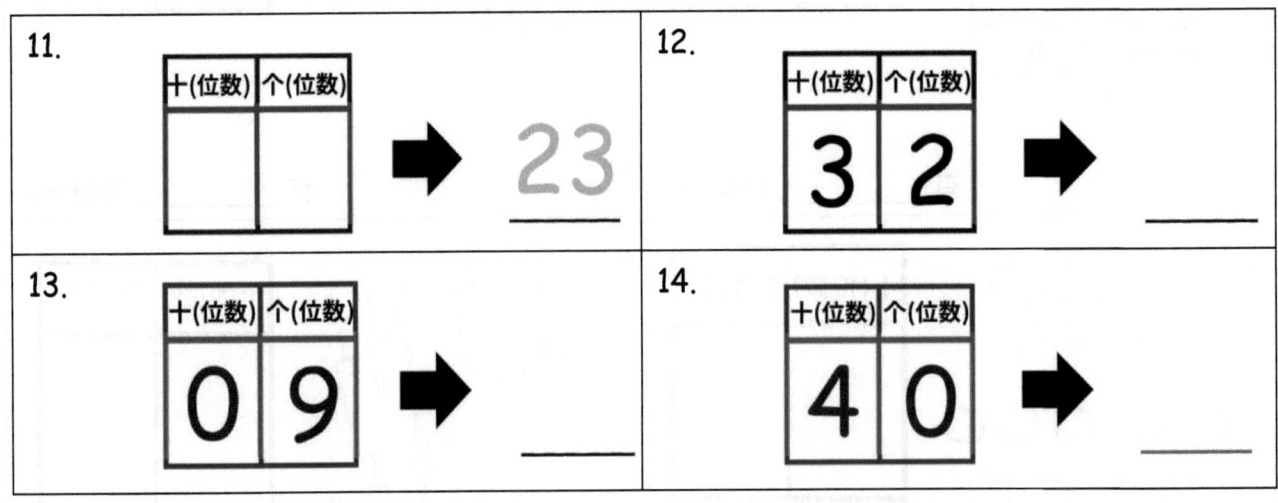

15. 选择一个小于40的数字。绘制数学绘图以表示它，并填写数字链和数位表。

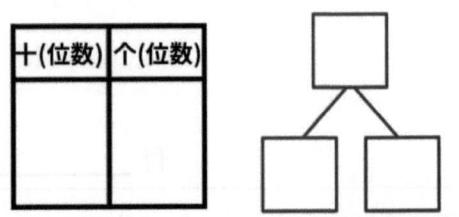

1. 尽可能多地数十位数。完成陈述句。说出数字和陈述句。

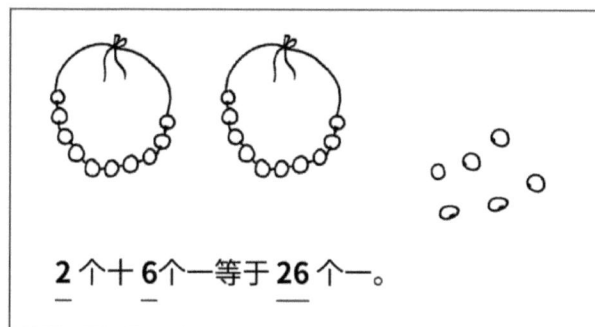

2 个十 **6** 个一等于 **26** 个一。

> 我将26看成2个十和另外6个一。我先以十计数。10、20和6个一是26。

写出缺少的数字。

> 数字27不是7个一。它有27个一！

2. 27 ➡ | 十(位数) | 个(位数) |
         | 2 | 7 |
   ➡ __27__ 个(位数)

3. 38 ➡  8个一 3个十 ➡ __38__ 个(位数)

> 有38个一。或者我可以说38有3个十8个一。每个十由十个一组成。因此，我可以以十计数得到30，然后再以一计数得到38。

4. 30 ➡ __0__ 个(位数) __3__ 十(位数) ➡ 30个(位数)

5. 选择至少一个小于 40 的数字。用 3 种方式绘制数字：

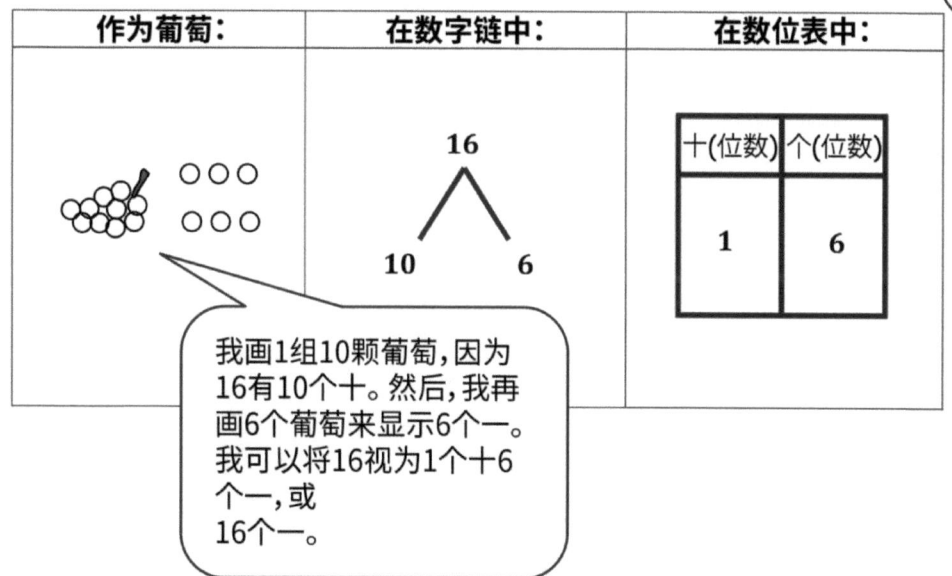

> 我画1组10颗葡萄，因为16有10个十。然后，我再画6个葡萄来显示6个一。我可以将16视为1个十6个一，或16个一。

单位的故事 第三课： 第三课家庭作业 1•4

姓名 _____ 日期 _____

尽可能多地数十位数。完成每个陈述句。说出数字和陈述句。

1.

___ 个十 ___ 个一

等于 ____ 个一。

2.

___ 个十 ___ 个一

等于 ____ 个一。

3.

___ 个十 ___ 个一

等于s _____ 个一。

4.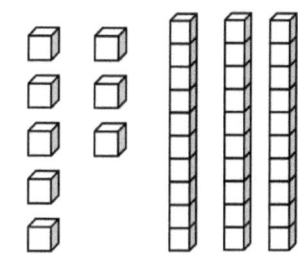

___ 个十 ___ 个一

等于 _____ 个一。

写出缺少的数字。

5. _____ ➡ ➡ _____ 个(位数)

第三课： 将两位数字理解为十位数和一些个位数,或全部个位数。

6. 34 ➡ _____ 十(位数) _____ 个(位数) ➡ _____ 个(位数)

7. _____ ➡ | 十(位数) | 个(位数) |
         | 3 | 8 | ➡ _____ 个(位数)

8. _____ ➡ 9 个 — 3 个十 ➡ _____ 个(位数)

9. _____ ➡ _____ 个(位数) _____ 十(位数) ➡ 40 个(位数)

10. 选择至少一个小于40的数字。通过3种方式绘制数字：

作为葡萄：	在数字链中：	在数位表中：
	∧	十(位数) | 个(位数)

第三课：   将两位数字理解为十位数和一些个位数,或全部个位数。

单位的故事　　　　　　　　　　　　　　　　　　　　第四课家庭作业助手　1•4

1. 填写数字链,或写出十位数和个位数。完成加法算式。

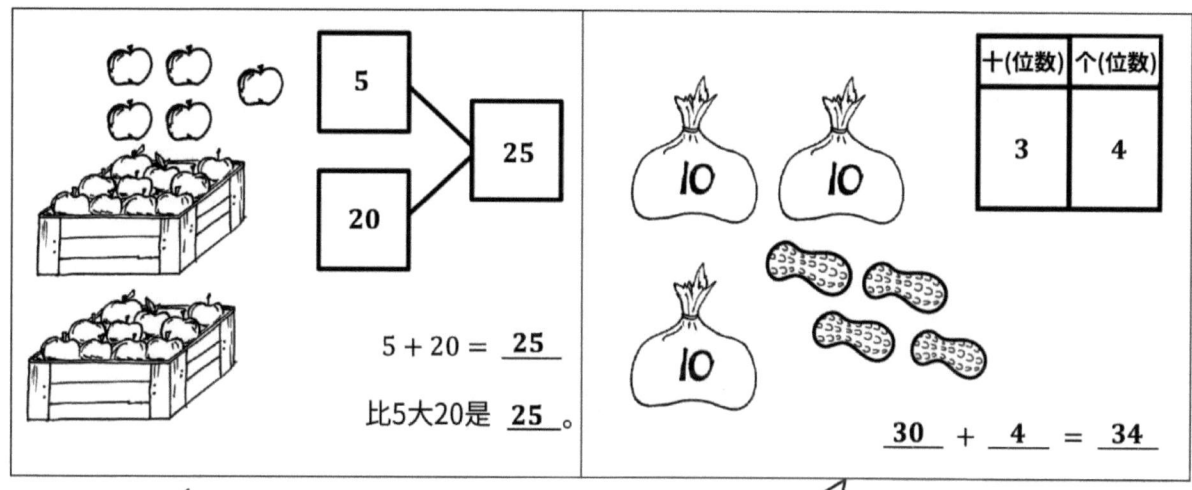

$5 + 20 = \underline{25}$

比5大20是 $\underline{25}$ 。

$\underline{30} + \underline{4} = \underline{34}$

我可以制作一个表示十位数和一位数的数字链,我可以将25分解为20和5。

3个十4个一与数字34相同。3是十位数的数字,而4是个个位数的数字。

第四课：　　编写两位数字并表示为结合十位数和个位数的加法算式。

2. 使图片与文字匹配。

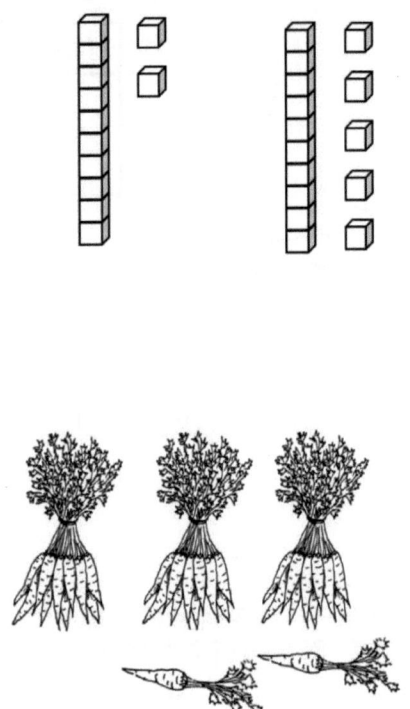
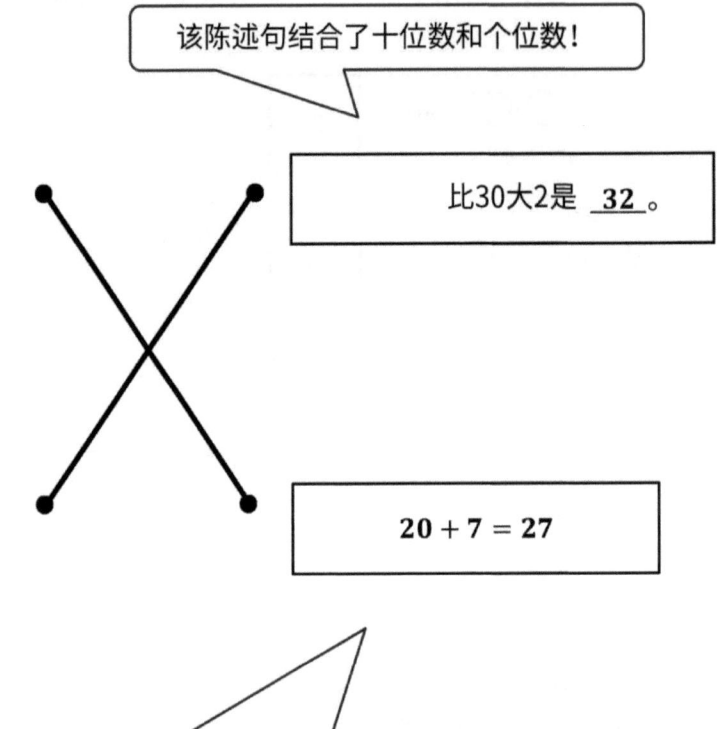

该陈述句结合了十位数和个位数！

比30大2是 __32__ 。

20 + 7 = 27

我可以先写一个十位数的数字算式，也可以先写一个个位数的数字，例如7 + 20 = 27。一个数字可以告诉你有几个十，另一个可以告诉你有多少个一。

姓名 _____   日期 _____

填写数字链，或写出十位数和个位数。完成加法算式。

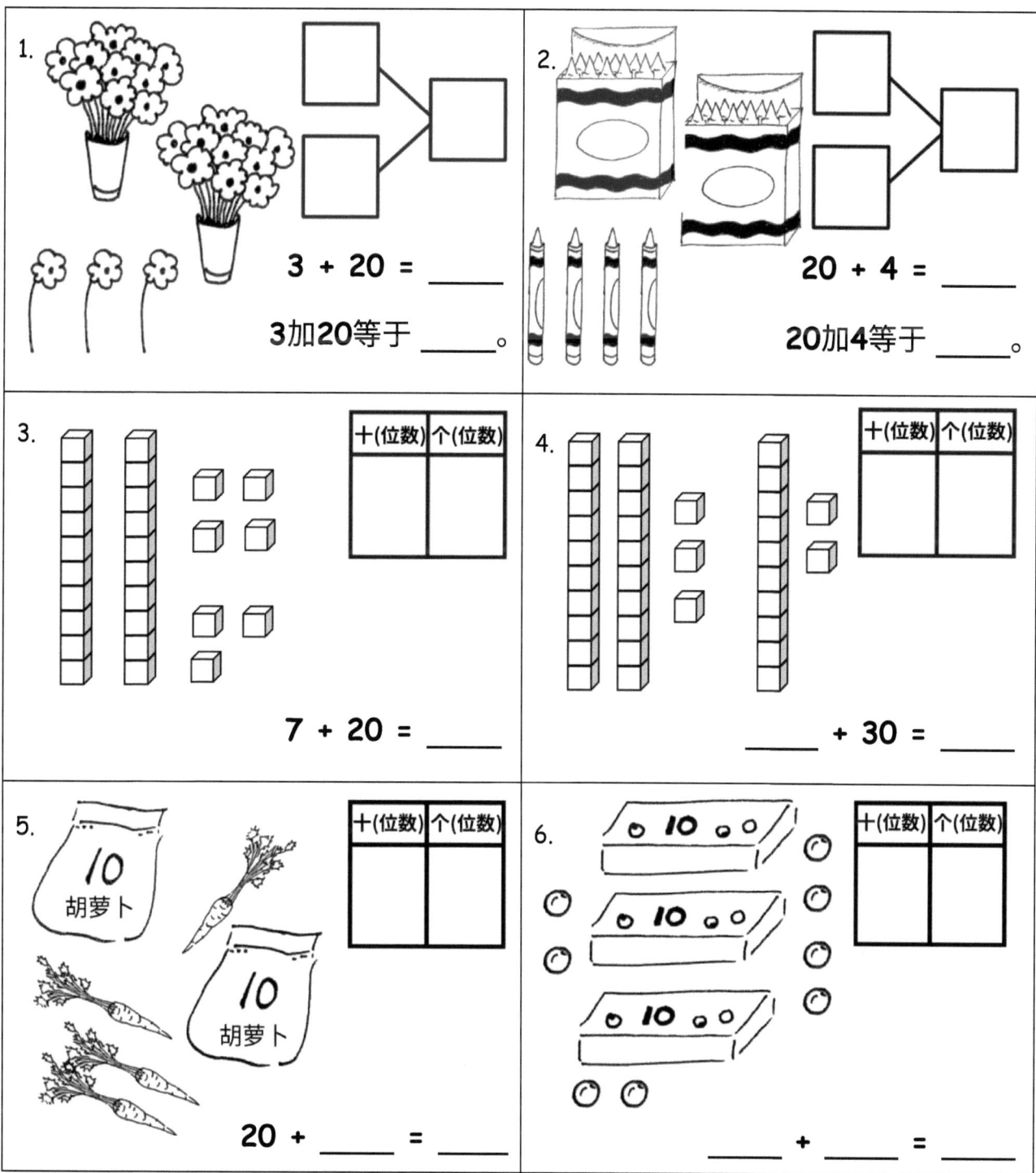

用文字匹配图片。

7.  ●   ● 1和30等于 _____ 。

8. 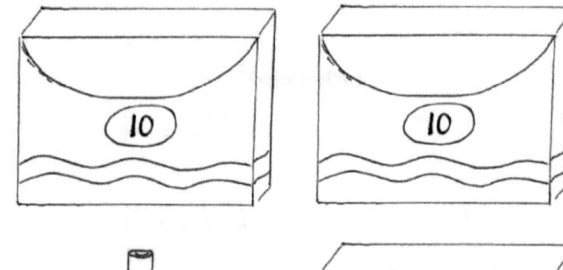 ●   ● 8 + 30 = _____ 。

9.  ●   ● 10 加 2 等于 _____ 。

10. 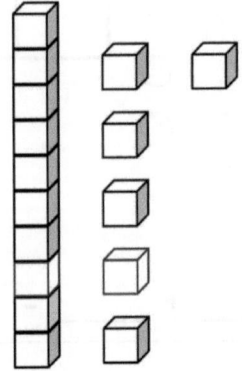 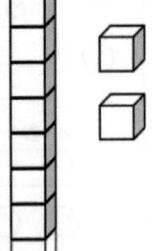 ●   ● 20 + 4 = _____ 。

绘制快速十和一来显示数字。然后再画大1或大10。

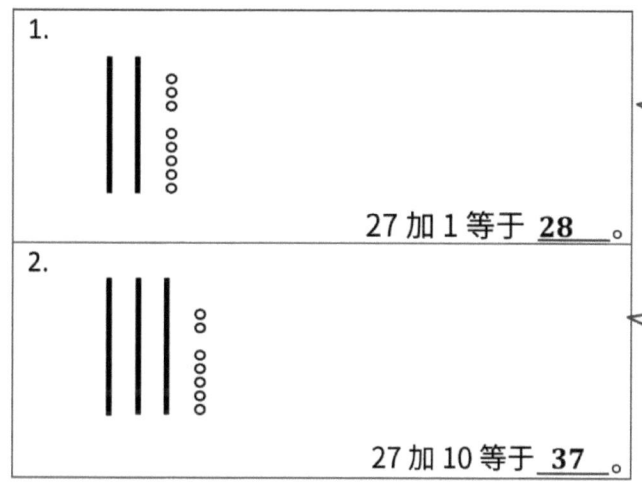

1. 27 加 1 等于 **28**。

我可以在5-组柱形图用2个快速十和7个一表示27。要弄清楚另外1个，我在个位数中加上1个圆，所以7个一变成8个一。

2. 27 加 10 等于 **37**。

看看我画37多快。快速十是一条容纳10个珠子的线！它代表一个十。我可以再画一个快速十，以显示比27大10。

绘制快速十和一来显示数字。划掉(x) 以表示小1或小10。

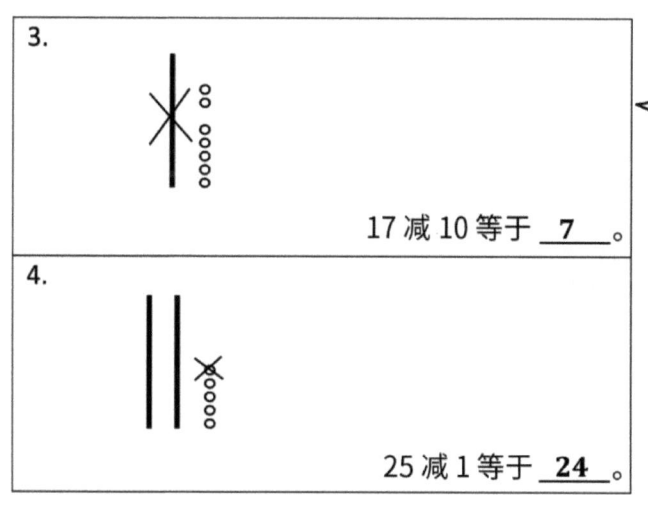

3. 17 减 10 等于 **7**。

当我想显示比17小10时，我可以删掉一个快速十。现在，没有十位数和7个一。

4. 25 减 1 等于 **24**。

将文字与显示正确数量的图片匹配。

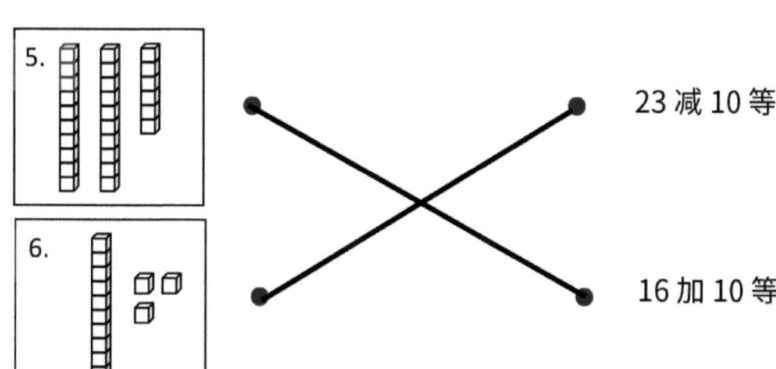

23 减 10 等于

16 加 10 等于

当我想到比16大10时，十位数的数字会发生变化。新数字是26。它是2个十6个一。

第五课： 识别比一个两位数大10，小10，大1和小1的数字。

单位的故事　　　　　　　　　　　　　　　　　第五课家庭作业　1•4

姓名 _____　　　日期 _____

绘制快速十和一来显示数字。然后,再画大1或大10。

1.	2.
38加1等于是 _____。	38加10等于是 _____。
3.	4.
35加1等于是 _____。	35加10等于是 _____。

绘制快速十和一来显示数字。划掉(x)以表示小1或小10。

5.	6.
23减10等于是 _____。	23减1等于是 _____。
7.	8.
31减10等于是 _____。	35减1等于是 _____。

第五课：　　识别比一个两位数大10,小10,大1和小1的数字。

21

将文字匹配到显示正确数量的图片上。

9. 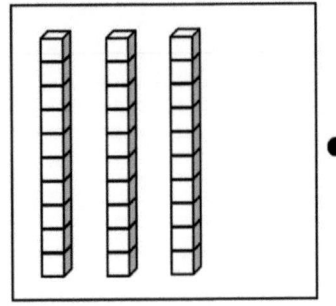 ● ● 30减1。

10. 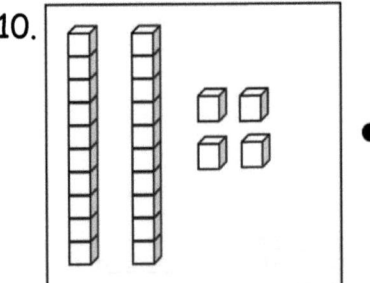 ● ● 23加1。

11. 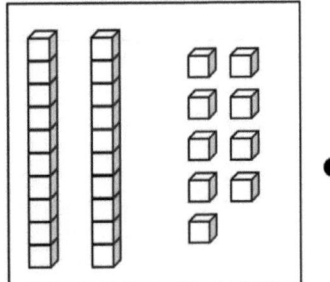 ● ● 36减10。

12. 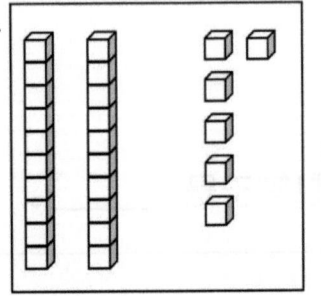 ● ● 20加10。

填写数位表和空白。

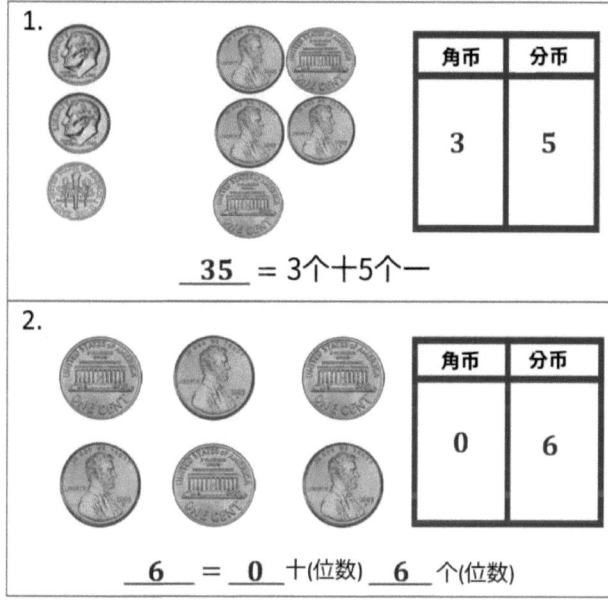

1. $\underline{35}$ = 3个十5个一

   说明：1个角币的值与10个美分硬币相同，但它只是1枚硬币。3个角币和5个美分硬币等于3个十5个一。那是35美分！

2. $\underline{6}$ = $\underline{0}$ 十(位数) $\underline{6}$ 个(位数)

   说明：我看不到任何十位数，因为没有角币。6个美分硬币的值是6美分。

填空。根据需要绘制或划掉十位数或个位数。

3.

   比30大10是 $\underline{40}$ 。

   说明：我可以再画1个角币，因为我想再显示10。因此，3个十变为4个十。30美分 + 10美分 = 40美分。

4.

   比24小1是 $\underline{23}$ 。

   说明：当我减去1个美分硬币时，我少了1，即23美分。我可以在我的位值图表中将其写为2个十3个一。

第六课： 用角币和分币分别表示十和一。

单位的故事 第六课家庭作业 1•4

姓名 _____ 日期 _____

填写数位表和空白。

1. 	十(位数)	个(位数)

30 = _____ 个十

2. 	十(位数)	个(位数)

17 = _____ 十和 _____ 个一

3.  	角币	分币

_____ = 2 个十 2 个一

4. 	角币	分币

_____ = 3 个十 3 个一

5. 	角币	分币

_____ = _____ 个十 _____ 个一

6.   	角币	分币

_____ = _____ 个十 _____ 个一

7.    	十(位数)	个(位数)

_____ = _____ 十 个 _____ 一

8.    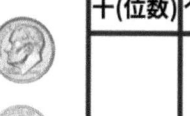	十(位数)	个(位数)

_____ 十 个 _____ 一 = _____

第六课: 用角币和分币分别表示十和一。

填空。根据需要绘制或划掉十位数或个位数。

25 加 10 等于 **35**

9. 12加1等于_____。

10. 3加10等于_____。

11. 22加10等于_____。

12. 22加1等于_____。

13. 39减1等于_____。

14. 39减10等于_____。

15. 33减10等于_____。

16. 33减1等于_____。

写下数字,然后圈出每对中较大的集合。表示一个陈述句比较这两个集合。

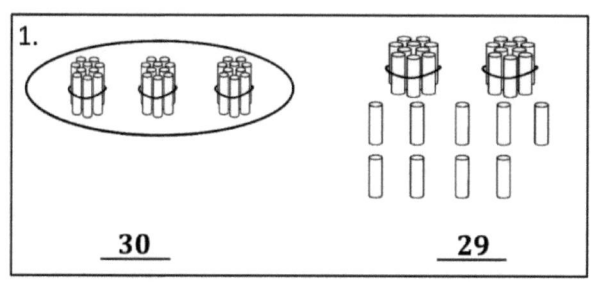

我首先看十位数以求出较大的数字。个十大于2个十。因此,30大于29。

圈出每对中较大的数字。

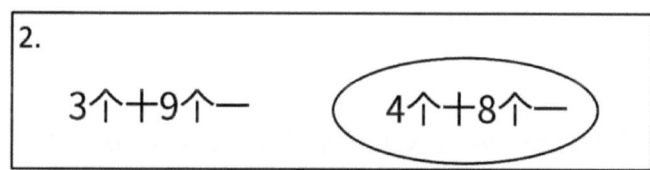

4个十大于3个十,因此48大于39。

写下数字,然后每对中较小的集合。表示一个陈述句比较这两个集合。

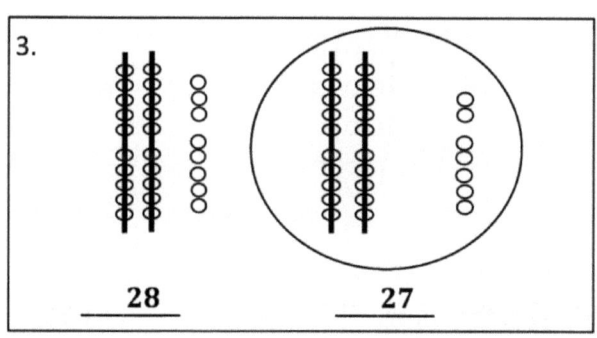

首先,我看一下十位数,两个数字都有2个十。接下来,我看看个位数,有7个一小于8个一。因此,27小于28。

第七课: 比较两个数量,并确定两个给定数字中的更大或更小的。

4. 写下值,并圈出硬币具有较小值的集合。

__14__ 美分

__22__ 美分

> 第一组有5个硬币,第二组有4个硬币,但是你必须查看值!角币和分币就好像十位数和个位数。因此,1个十+4个一小于2个十+2个一。

5. 马多斯和卡露琳在打牌。如果卡露琳的总数是 29 个一,马多斯的总数是 26,谁的总数更小? 画一个数学图来解释你如何知道。

> 嘿,29个一也是2个十9个一! 我可以画一张图,然后比较一下!

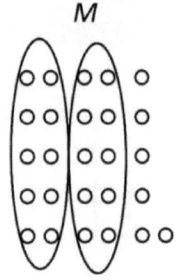

马多斯的总数较小。我知道,因为它们都有 2 个十,所以我看看个位数。马多斯只有 6 个一,而卡露琳有 9 个一。因此,马多斯的较小。

姓名 _____   日期 _____

写下数字，然后圈出每对中较大的集合。表示一个陈述句比较这两个集合。

1.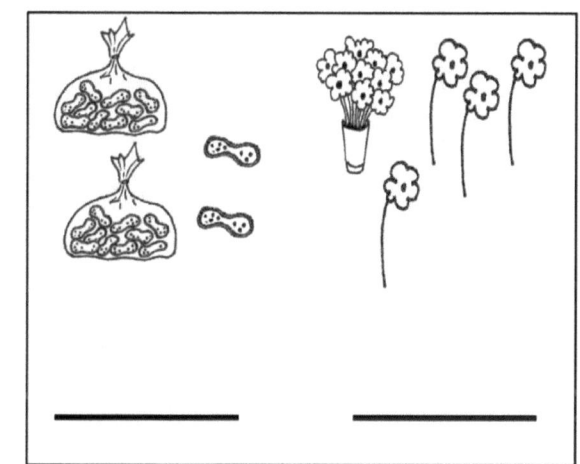

2.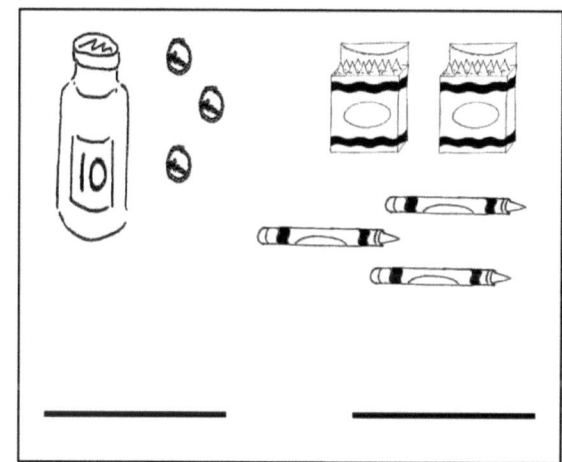

圈出每对中较大的数字。

3. 　3个＋8个＝　　　　3个＋9个＝

4. 　25　　　　　　　35

5. 写出值并圈出硬币具有较大值的集合。

_____   _____

写下数字，然后圈出每对中较小的集合。表示一个陈述句比较这两个集合。

6.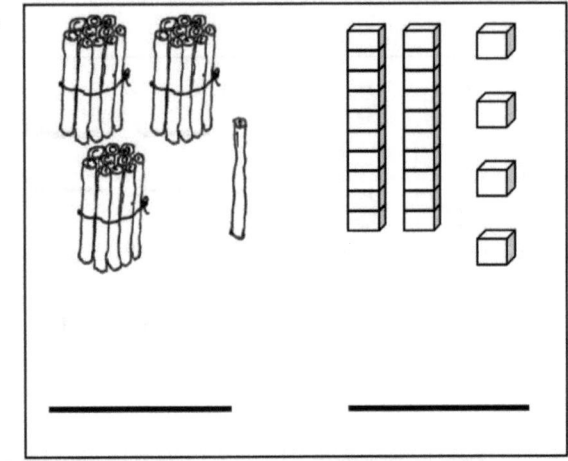

7.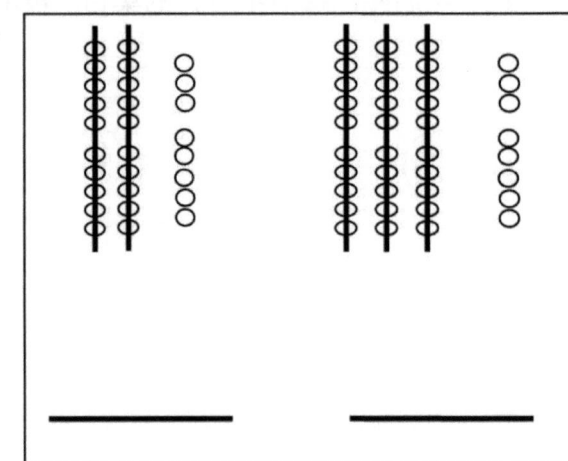

圈出每对中较小的数字。

8.
| 2个十7个一 | 3个十7个一 |

9.
| 22 | 29 |

10. 写出值并圈出硬币具有较小值的集合。

11. 凯特琳和约翰尼正在玩比较纸牌的游戏。他们记录了每一轮的总数。对于每一轮,圈出获胜纸牌的总数,然后写下陈述句。已为你完成第一道题。

第1轮:总数**较大的**获胜。

凯特琳的总数	约翰尼的总数
16	⟨19⟩

19大于16。

a. 第2轮:总数**较小的**获胜。

凯特琳的总数	约翰尼的总数
27	24

_____

b. 第3轮:总数**较大的**获胜。

凯特琳的总数	约翰尼的总数
32	22

_____

c. 第4轮:总数**较小的**获胜。

凯特琳的总数	约翰尼的总数
29	26

_____

d. 如果凯特琳的总数为39,而约翰尼的总数为3个十9个一,那么谁的总数更大?画一个数学图来解释你如何知道。

第七课: 比较两个数量,并确定两个给定数字中的更大或更小的。

单位的故事

第八课家庭作业助手 1•4

1. 用快速十和圆画数字。使用词库中的短语完成算式框架以比较数字。

词库
大于
小于
等于

a.

28 ___小于___ 30。

> 我首先看十位数字以比较数字！尽管28个中有8个一，但仍然小于1个十。我从左到右读：28小于30。

b.

1个十7个一 等于 17。

> 3个十3个一是33。两个数字都有3个十，但3个一小于4个一。因此，3个十3个一小于34。

2. 圈出比 34 小的数字。

(29)   3个十3个一   4个十   31   (3个十5个一)

3. 按以下顺序编写数字：从最大到最小。

	24		
12			40
		16	

> 我从左到右阅读数字。40大于24。24大于16 ...

__40__ __24__ __16__ __12__

数字 38 在这个顺序中排在哪里？用文字或重写数字来解释。

40   38   24   16   12

> 我在40和24之间输入38。38小于40，而38大于24。看看十位数：4个十，3个十，2个十！

第八课：　　从左到右比较数量和数字。

33

姓名 _____   日期 _____

1. 用快速十和圆画数字。使用词库中短语完成算式框架以比较数字。第一个已经为你完成。

   词库
   大于
   小于
   等于

   a. 20 ‖   30 ‖‖‖
      20 __小于__ 30

   b. 14   22
      14 _____ 22

   c. 15   1个十 5个一
      15 _____ 1个十 5个一

   d. 39   29
      39 _____ 29

   e. 31   13
      31 _____ 13

   f. 23   33
      23 _____ 33

2. 圈出大于 28 的数字。

   32   29   2个十 8个一   4个十   18

3. 圈出小于 31 的数字。

   29   3个十 6个一   3个十   13   3个十 9个一

4. 按以下顺序编写数字：从最小到最大。

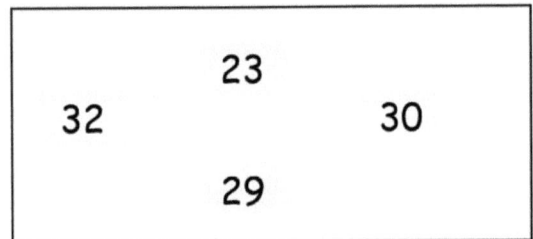

____ ____ ____ ____ ____

数字27在这个顺序中排在哪里？使用文字或重写数字来解释。

5. 按以下顺序编写写数字：从最大到最小。

```
    40
13      30
    31
```

____ ____ ____ ____ ____

数字23在这个顺序中排在哪里？使用文字或重写数字来解释。

6. 使用数字9、4、3和2来得出小于40的4个不同的两位数。
   按以下顺序编写：从最小到最大。

   9 3 4 2

   例题：34、29，…

1. 将数字写在空白处，以便鳄鱼吞食较大的数字。阅读数字算式，使用大于，小于，或等于。请记住从左边的数字开始。

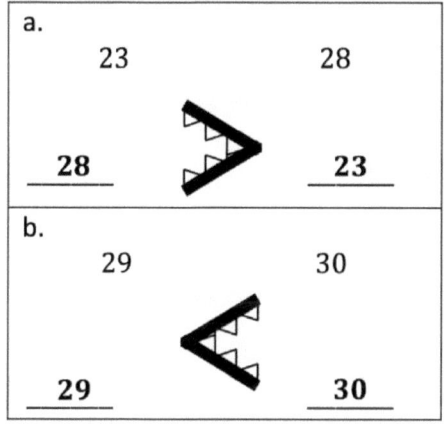

> 我记得从左边的数字开始阅读。因此，28大于23。我知道，因为2个十8个一大于2个十3个一。

> 29小于30。30是3个十！鳄鱼想吞食更大的数字！

2. 完成图表，使鳄鱼吃到较大的数字。

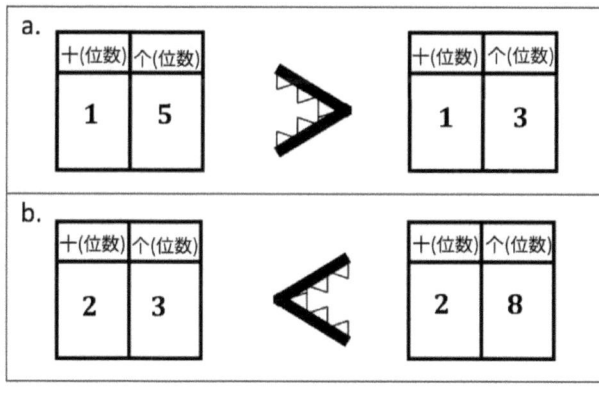

> 我将数字算式理解为15大于13。两个数字都有1个十，但是5个一大于3个一，因此鳄鱼吃掉了数字15。

> 我在个位数写了8，所以鳄鱼吃掉了数字28。我可以将数字算式理解为23小于28。我也可以写4、5、6、7、8或9个一！

3. 通过匹配正确的鳄鱼或短语来比较每个集合的数字，以构成一个真实的数字算式。通过从左到右阅读算式来检查你的解题方法。

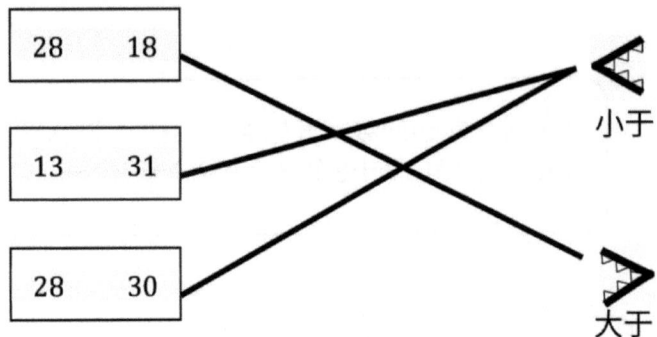

> 13有1个十3个一。
> 31有3个十1个一。
> 因此，13小于31。

单位的故事　　　　　　　　　　　　　　　　　　　　　　　　　第九课家庭作业　1·4

姓名 _____　　　　日期 _____

1. 将数字写在空白处，以便鳄鱼吞食较大的数字。阅读数字算式，使用大于，小于，或等于。请记住从左边的数字开始。

   a. 10 > 20 ___ ___
   b. 15 < 17 ___ ___
   c. 24 > 22 ___ ___
   d. 29 < 30 ___ ___
   e. 39 < 38 ___ ___
   f. 39 < 40 ___ ___

2. 完成图表，使鳄鱼吃到较大的数字。

   a. 十(位数) 个(位数) | 1 | 8 | > | 十(位数) 个(位数) | 1 |
   b. 十(位数) 个(位数) | 2 | 4 | < | 十(位数) 个(位数) | | 3 |
   c. 十(位数) 个(位数) | | | > | 十(位数) 个(位数) | | |
   d. 十(位数) 个(位数) | 2 | 3 | > | 十(位数) 个(位数) | 2 | |
   e. 十(位数) 个(位数) | | | < | 十(位数) 个(位数) | | |
   f. 十(位数) 个(位数) | 1 | 7 | > | 十(位数) 个(位数) | | 7 |

第九课：　使用符号 >，= 和 < 比较数量和数字。

通过匹配正确的鳄鱼或短语来比较每个集合的数字，以构成一个真数字算式。通过从左到右阅读算式来检查你的解题方法。

3.

| 16 | 17 |

| 31 | 23 |

| 35 | 25 |

| 12 | 21 |

| 22 | 32 |

| 29 | 30 |

| 39 | 40 |

小于

>

大于

第九课： 使用符号 >，= 和 < 比较数量和数字。

使用符号比较数字。填空使用符合 < ，> ，或 = 编写一个为真的数字算式。用词库中的短语完成数字算式。

词库
大于
小于
等于

a.
21 (>) 12

21 ___个十大于___ 12。

这两个数字都具有相同的数字,但是位置不同。这意味着它们具有不同的值。2个十1个一大于1个十2个一!

b.
3个十 (<) 32

3个十 ___小于___ 32。

我将小于号放在3个十和32之间。3个十就是30。较小并指向较小的数字!

c.
2个十8个一 (<) 29

2个十8个一 ___小于___ 29。

29中的个位数比2个十8个一(即28)大。鳄鱼喜欢吃的那一侧的符号是开放的!但是我仍然从左到右阅读它!

d.
19 (=) 1个十9个一。

19 ___等于___ 1个十9个一。

第十课： 使用符号 >，= 和 < 比较数量和数字。

单位的故事　　　　　　　　　　　　　　　　　　　　　　第十课家庭作业　1•4

姓名 _____　　日期 _____

使用符号比较数字。填空使用符合 <，>，或 = 编写一个为真的数字算式。用词库中的短语完成数字算式。

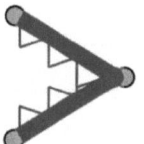　　　　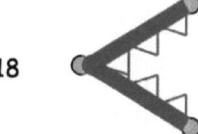　　　　词库
　　　　　　　　　　　　　　　　　　　　　　　　　　　大于
40 ⓘ> 20　　　　　　18 ⓘ< 20　　　　　　　　　小于
40 大于 20。　　　　18 小于 20。　　　　　　　　等于

a.　17 〇 13

17 _____ 13

b.　23 〇 33

23 _____ 33

c.　36 〇 36

36 _____ 36

d.　25 〇 32

25 _____ 32

e.　38 〇 28

38 _____ 28

f.　32 〇 23

32 _____ 23

第十课：　使用符号 >，= 和 < 比较数量和数字。　　　　43

单位的故事　　　　　　　　　　　　　　　　　　　　　　第十课家庭作业　1•4

g.　1个＋5个＝○　14

　　1个＋5个＝_____　14

h.　3个＋○　30

　　3个＋_____　30

i.　29　○　2个＋7个＝

　　29 _____ 2个＋7个＝

j.　19　○　2个＋3个＝

　　19 _____ 2个＋3个＝

k.　3个＋1个＝○　13

　　3个＋1个＝_____　13

l.　35　○　3个＋5个＝

　　35 _____ 3个＋5个＝

m.　2个＋3个＝○　32

　　2个＋3个＝_____　32

n.　3个＋○　36

　　3个＋_____　36

o.　29　○　3个＋9个＝

　　29 _____ 3个＋9个＝

p.　4个＋○　39

　　4个＋_____　39

44　　第十课：　　使用符号＞，＝和＜比较数量和数字。

单位的故事

第十一课家庭作业助手　1•4

画一个数字键,并完成数字算式以匹配图片。

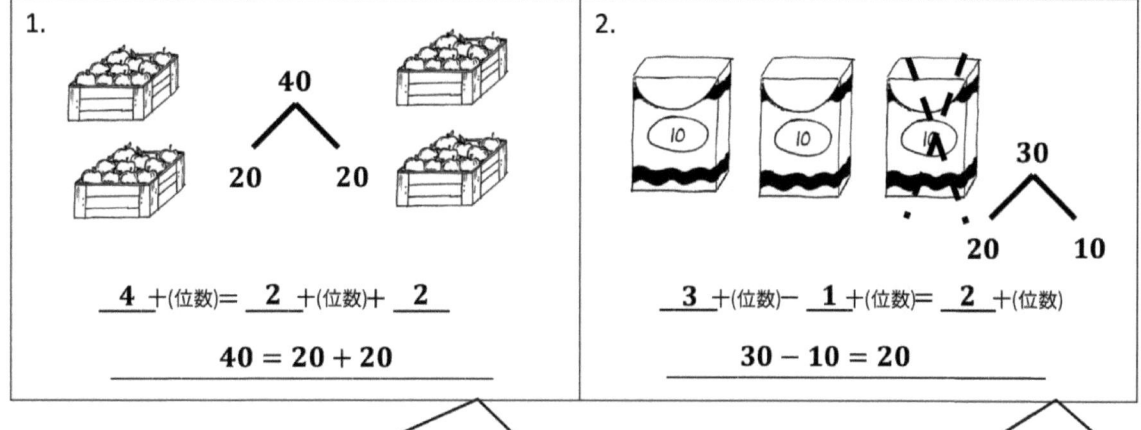

1. __4__ 十(位数)= __2__ 十(位数)+ __2__

    40 = 20 + 20

> 我可以用位值单位说数字算式,所以4个十 = 2个十 + 2个十。那是单位的方式。或者我可以按常规方式写数字,所以40 = 20 + 20。

2. __3__ 十(位数)− __1__ 十(位数)= __2__ 十(位数)

    30 − 10 = 20

> 数字键在顶部显示3个十,其中2个十和1个十为部分。X表示我拿走1个十。减法句匹配。

绘制快速十和数字键,以帮助你求解数字算式。

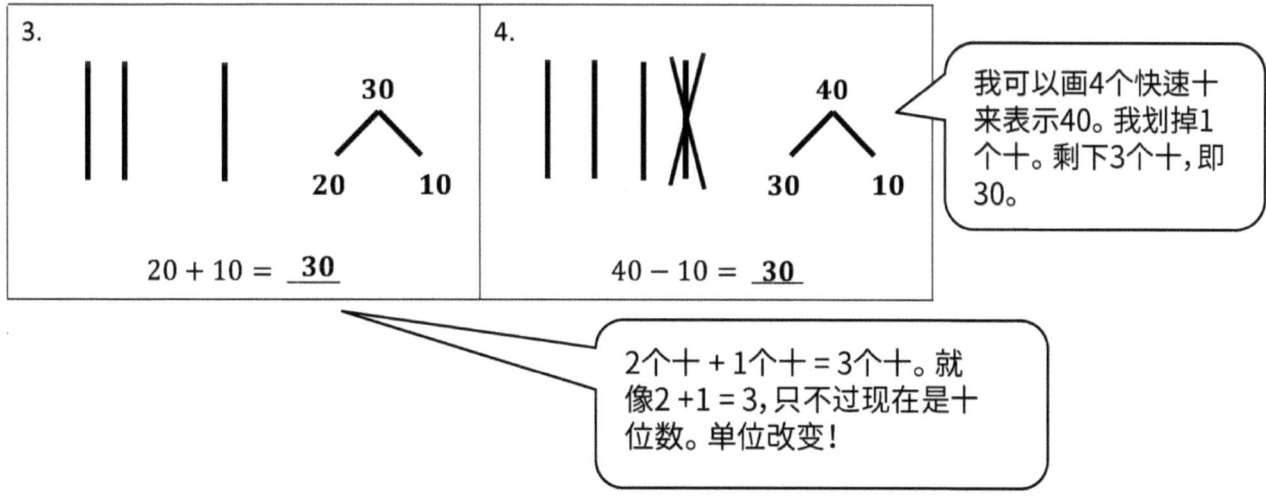

3. 20 + 10 = __30__

4. 40 − 10 = __30__

> 我可以画4个快速十来表示40。我划掉1个十。剩下3个十,即30。

> 2个十 + 1个十 = 3个十。就像2 +1 = 3,只不过现在是十位数。单位改变!

第十一课: 从十的倍数中加减十。

加法或减法。

5. 4 个十 -- 3 个十 = **1 个十**

6. **40** = 10 + 30

> 我可以想到一个更简单的习题 4 = 1 + 3，以帮助我求解。

7. 20 - 20 = **0**

第十一课： 从十的倍数中加减十。

姓名 _____ 日期 _____

画一个数字链,并完成数字算式以匹配图片。

1.  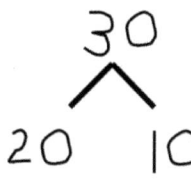 

  $\underline{2}$ +(位数) + $\underline{1}$ + = $\underline{3}$ +(位数)
  $20 + 10 = 30$
	2. 

	___ 个十 = ___ 十 + ___ 个十
	
	_____

3.   ___ 个十 - ___ 十 = ___ 个十 _____	4. 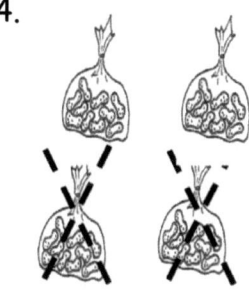 ___ 个十 - ___ 个十 = ___ 个十 _____
5. 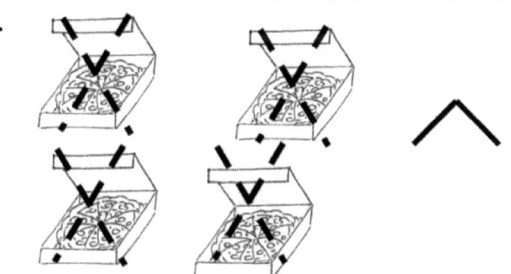 ___ 个十 - ___ 个十 = ___ 个十 _____	6. 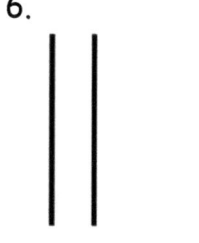 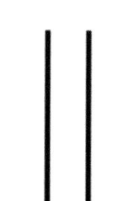  ___ 个十 + ___ 个十 = ___ 个十 _____

第十一课: 从十的倍数中加减十。

单位的故事　　　　　　　　　　　　　　　　　　　　　　　第十一课家庭作业　1•4

绘制快速十和数字链，以帮助你求解数字算式。

7.

10 + 20 = _____

8.

30 − 10 = _____

9.

20 − 10 = _____

10.

30 + 10 = _____

加法或减法。

11. 2个十 + 1个十 = _____

12. 20 + 20 = _____

13. 40 − 10 = _____

14. _____ = 20 + 10

15. 3个十 −− 2个十 = _____

16. 20 − 10 = _____

17. 10 − 10 = _____

18. _____ = 30 + 10

19. 40 − 30 = _____

第十一课：　从十的倍数中加减十。

单位的故事　　　　　　　　　　　　　　　　第十二课家庭作业助手　1•4

1. 填写缺少的数字以匹配图片。写下匹配的数字键。

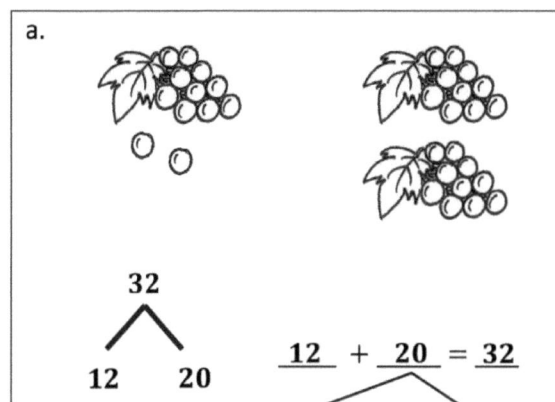

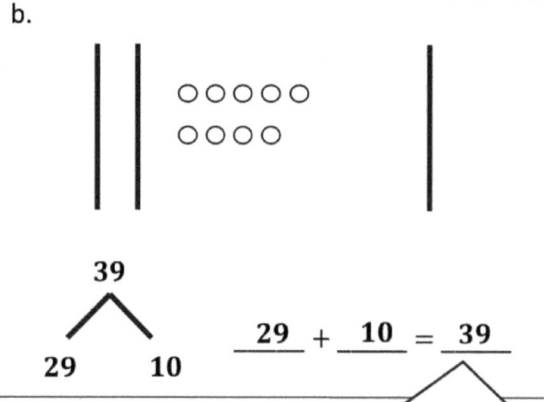

1个十2个一 + 2个十 = 3个十2个一。因为我加了2个十，所以十位数的数字发生了变化。个位数保持不变。

比2个十大1个十就是3个十。这就是为什么十位数有一个3的原因。仍然有9个一。

2. 使用快速十和一绘图。完成数字键和数字算式。

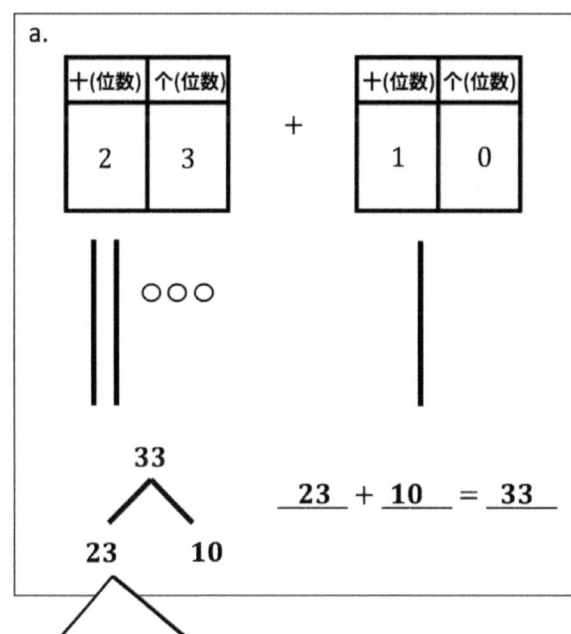

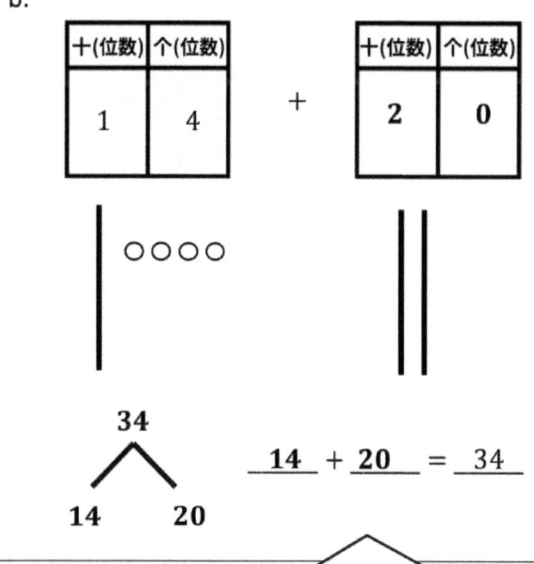

数字键显示如何将23更改得到33。我加一个十。

如果整体是34，而14是一部分，那么我可以加2个十来构成34。2个十与20相同。14加20等于34。

第十二课： 把十位数与一个两位数相加。　　49

3. 使用箭头符号来求解。

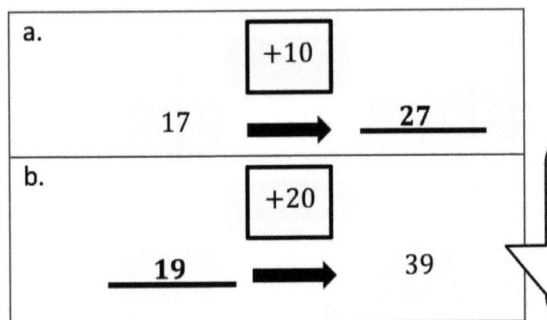

> 我可以认为：什么数字加上2个十会给我3个十9个一？1个十9个一加2个十等于3个十9个一！因此，数字为19。

4. 使用角币和分币来完成数位表。

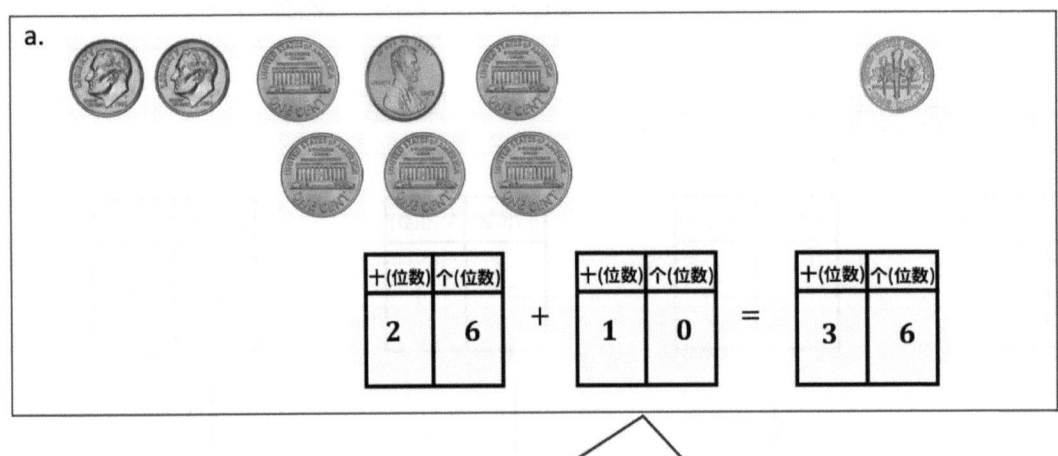

> 2角钱和6美分是2个十6个一。当我加一角钱时，我加一个十。现在，共有3个十。数字算式是26 + 10 = 36。

姓名 _____ 日期 _____

填写缺少的数字以匹配图片。完成数字键以匹配。

1.

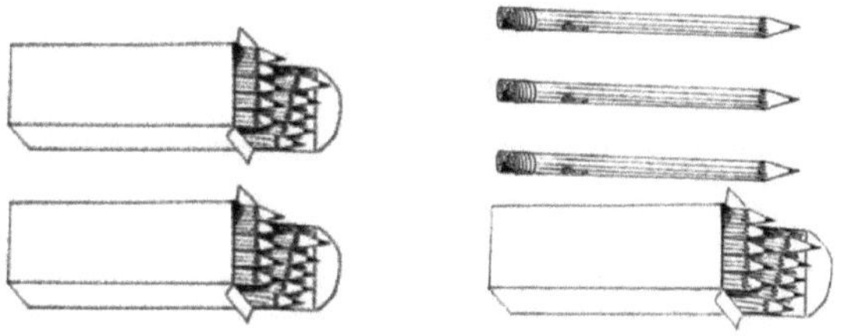

20 + 13 = _____

2.

17 + _____ = _____

3.

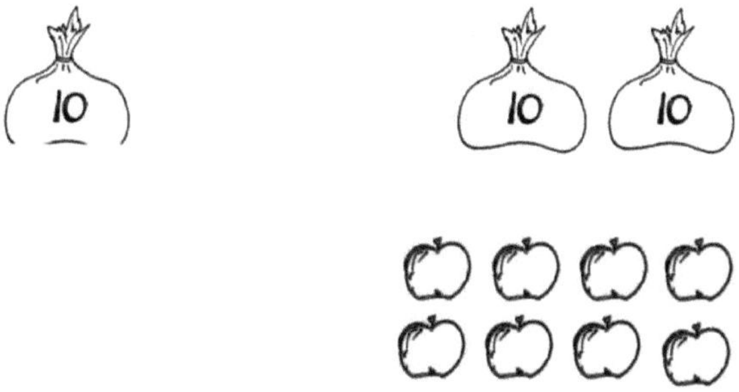

_____ + _____ = _____

4.

_____ + _____ = _____

使用快速十和一绘图。完成数字链和数字算式。

5. 十(位数) 个(位数) | 1 | 7   +   十(位数) 个(位数) | 1 | 0

    ⌃

    ____ + ____ = ____

6. 十(位数) 个(位数) | 1 | 9   +   十(位数) 个(位数)

    ⌃

    ____ + ____ = 39

使用箭头符号来求解。

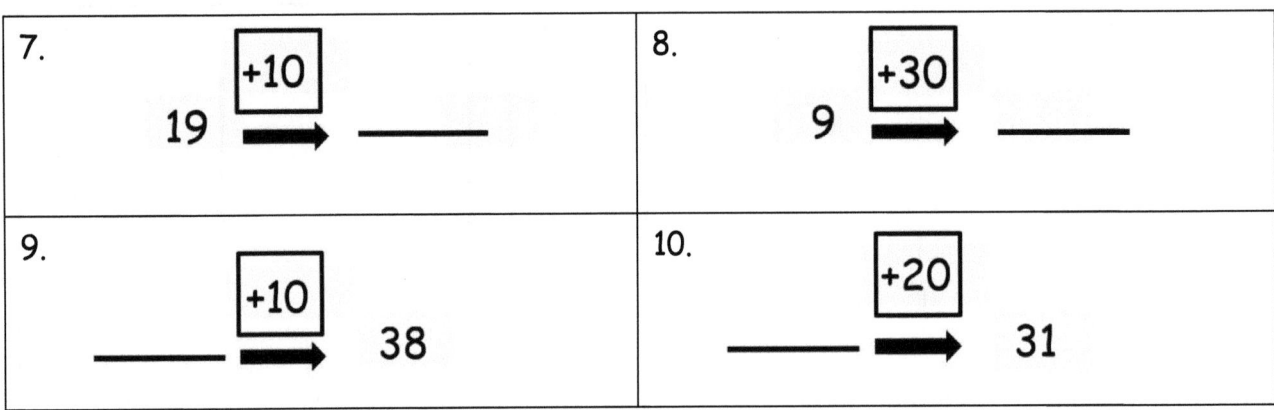

7. 19 →[+10] ____

8. 9 →[+30] ____

9. ____ →[+10] 38

10. ____ →[+20] 31

使用角币和分币来完成数位表。

11.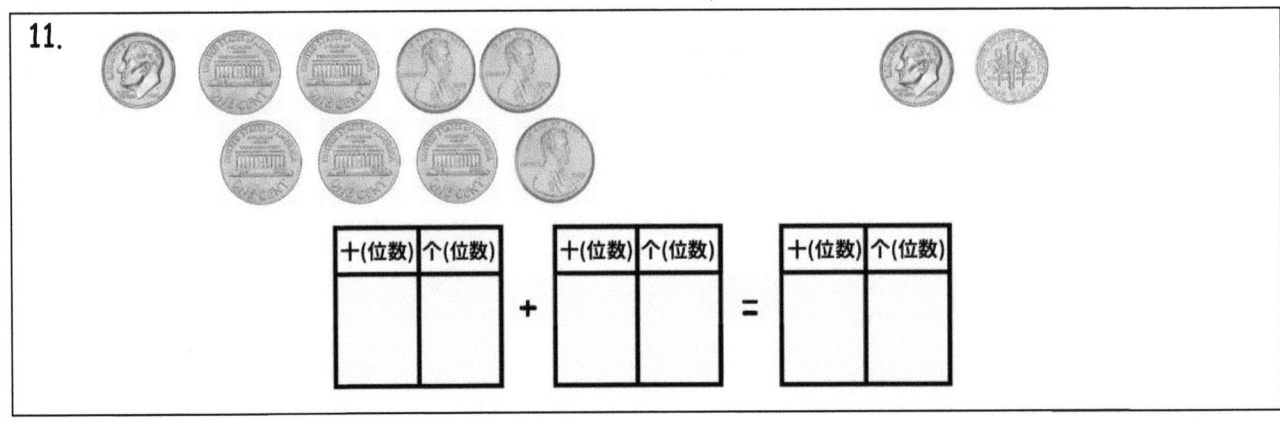

    十(位数) 个(位数) | | +   十(位数) 个(位数) | | =   十(位数) 个(位数) | |

1. 使用快速十和一完成位值图表和数字算式。

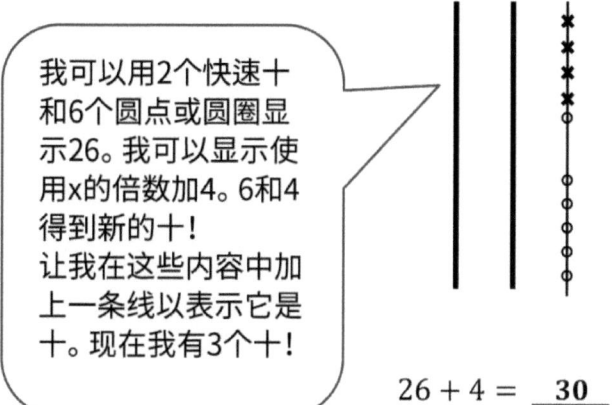

我可以用2个快速十和6个圆点或圆圈显示26。我可以显示使用x的倍数加4。6和4得到新的十！
让我在这些内容中加上一条线以表示它是十。现在我有3个十！

26 + 4 = __30__

2. 绘制快速十，一和数字链来求解。完成数位表。

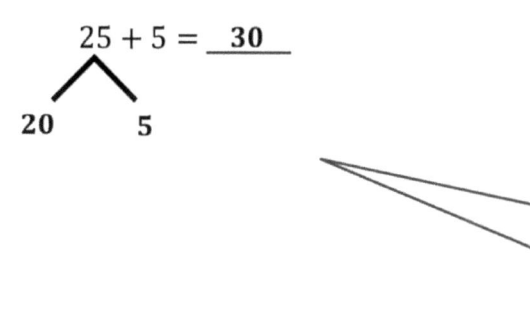

25 + 5 = __30__

20   5

25由20和5组成。我可以将5和5相加得到10。然后我知道20 + 10 = 30。
那是3个十。

3. 解题。你可以画出快速十和一或数字链来提供帮助。

37 + 3 = __40__

我知道这个。比37大3是40。
当我加3到37时，我将得到下一个十。

第十三课：在十的加法中使用计数和加十策略。

单位的故事　　　　　　　　　　　　　　　　　　　第十三课家庭作业　1•4

姓名 _____　　日期 _____

使用快速十和一完成数位表和数字算式。

1.

十(位数)	个(位数)

21 + 4 = _____

2.

十(位数)	个(位数)

21 + 8 = _____

3.

十(位数)	个(位数)

25 + 4 = _____

4.

十(位数)	个(位数)

25 + 5 = _____

5.

十(位数)	个(位数)

33 + 3 = _____

6.

十(位数)	个(位数)

33 + 7 = _____

第十三课：　在十的加法中使用计数和加十策略。

绘制快速十，一和数字键来求解。完成数位表。

7. 26 + 2 = _____ | 十(位数) | 个(位数) |

8. 36 + 3 = _____ | 十(位数) | 个(位数) |

9. 26 + 4 = _____ | 十(位数) | 个(位数) |

10. 24 + 6 = _____ | 十(位数) | 个(位数) |

11. 解题。你可以画出快速十和一或数字链来提供帮助。

   a. 22 + 7 = _____   b. 22 + 8 = _____   c. 32 + 8 = _____

第十三课： 在十的加法中使用计数和加十策略。

1. 使用图片，或快速绘制快速十和一。完成数字算式和数位表。

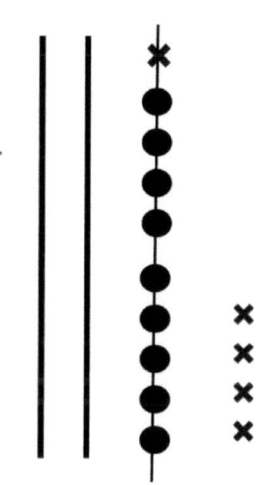

我可以使用2个快速十位数和9个点或圆圈来显示29。我只需要再多一个就得到一个新的十。当我加5时，第一个x构成新的十。当我再绘制4个x时，我将开始新的一列。我可以划一条线通过我得到的新的十。现在我可以轻松地看到我有3个十和4个一。

十(位数)	个(位数)
3	4

$29 + 5 = \underline{34}$

2. 编写数字链来解题。用数字算式或箭头方式显示你的想法。完成数位表。

$18 + 5 = \underline{23}$

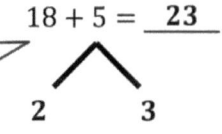

我还需要2才能从18增加到20。我可以将5分为2和3。
$18 + 2 = 20$。那么$20 + 3 = 23$。

十(位数)	个(位数)
2	3

这是我的数字算式，以表达我的想法。

$18 + 2 = 20$
$20 + 3 = 23$

$18 \xrightarrow{+2} 20 \xrightarrow{+3} 23$

我也可以使用箭头方式来显示我的想法！我从18开始 我加上2以得到20。然后，我再加3得到23。

姓名 _____ 日期 _____

使用图片或绘制快速十和一。完成数字算式和数位表。

1. 15 + 3 = _____

2. 15 + 5 = _____

3. 15 + 6 = _____

十(位数)	个(位数)

十(位数)	个(位数)

十(位数)	个(位数)

4. 28 + 2 = _____

5. 28 + 4 = _____

6. 28 + 7 = _____

十(位数)	个(位数)

十(位数)	个(位数)

十(位数)	个(位数)

7. 17 + 3 = _____

8. 17 + 7 = _____

9. 27 + 7 = _____

十(位数)	个(位数)

十(位数)	个(位数)

十(位数)	个(位数)

第十四课： 在十的加法中使用计数和加十策略。

编写数字链来解题。用数字算式或箭头方式显示你的想法。完成数位表。

10. 13 + 6 = _____

十(位数)	个(位数)

11. 13 + 7 = _____

十(位数)	个(位数)

12. 25 + 5 = _____

十(位数)	个(位数)

13. 25 + 8 = _____

十(位数)	个(位数)

14. 24 + 8 = _____

十(位数)	个(位数)

15. 23 + 9 = _____

十(位数)	个(位数)

1. 解题。

   🍎🍎🍎🍎🍎 🍎🍎🍎🍎
   🍎🍎🍎🍎

   $9 + 5 =$ __14__

   > 9加5为14。那很容易。

    🍎🍎🍎🍎🍎 🍎🍎🍎🍎
   🍎🍎🍎🍎

   $19 + 5 =$ __24__

   > 19加5又多了10。那是24。

     🍎🍎🍎🍎🍎 🍎🍎🍎🍎 $29 + 5 =$ __34__
   🍎🍎🍎🍎

   > 29加5又多了10。那是34。

2. 使用每个集合中的第一个数字算式来帮助你求解其他习题。

   a. $3 + 8 =$ __11__

   b. $13 + 8 =$ __21__

   c. $23 + 8 =$ __31__

3. 解题。显示帮助你求解的一位数加法算式。

   $18 + 4 =$ __22__ $8 + 4 = 12$

   > 我可以使用8 + 4来求解18 + 4。我知道8 + 4 = 12。18 + 4又有1个十。那是22。

第十五课: 使用一位数的和来支持类似于40的和的解决方案。

单位的故事 第十五课家庭作业 1•4

姓名 _____   日期 _____

解题。

1. 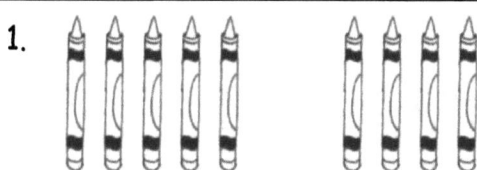		5 + 4 = ____
2. 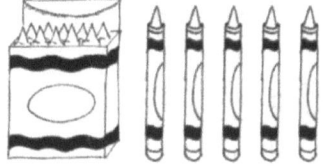 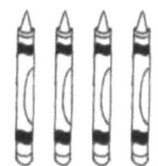		15 + 4 = ____
3. 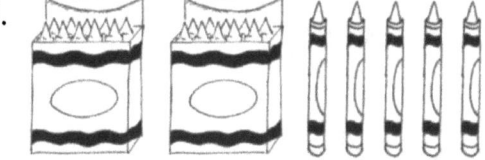		25 + 4 = ____
4 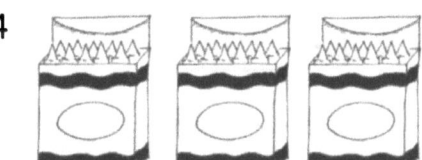  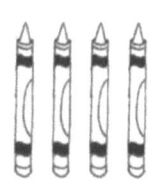		35 + 4 = ____
5. 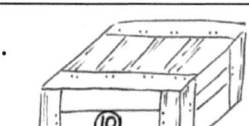		8 + 4 = ____
6.		18 + 4 = ____
7. 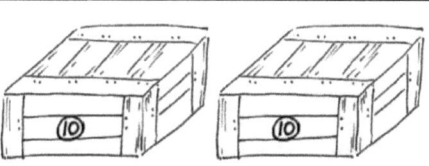		28 + 4 = ____

第十五课: 使用一位数的和来支持类似于40的和的解决方案。

使用每个集合中的第一个数字算式来帮助你求解其他习题。

8.
a. 5 + 2 = ____
b. 15 + 2 = ____
c. 25 + 2 = ____
d. 35 + 2 = ____

9.
a. 5 + 5 = ____
b. 15 + 5 = ____
c. 25 + 5 = ____
d. 35 + 5 = ____

10.
a. 2 + 7 = ____
b. 12 + 7 = ____
c. 22 + 7 = ____

11.
a. 7 + 4 = ____
b. 17 + 4 = ____
c. 27 + 4 = ____

12.
a. 8 + 7 = ____
b. 18 + 7 = ____
c. 28 + 7 = ____

13.
a. 3 + 9 = ____
b. 13 + 9 = ____
c. 23 + 9 = ____

解题。显示帮助你求解的一位数加法算式。

14. 24 + 5 = _____   _____

15. 24 + 7 = _____   _____

1. 绘制快速十和一来帮助求解加法题。

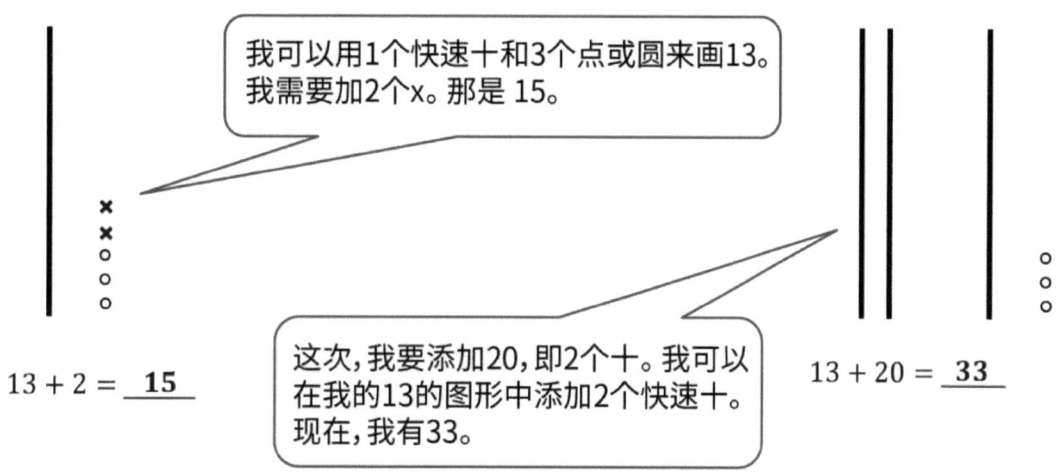

2. 建立数字键，或使用箭头方式求解加法题。

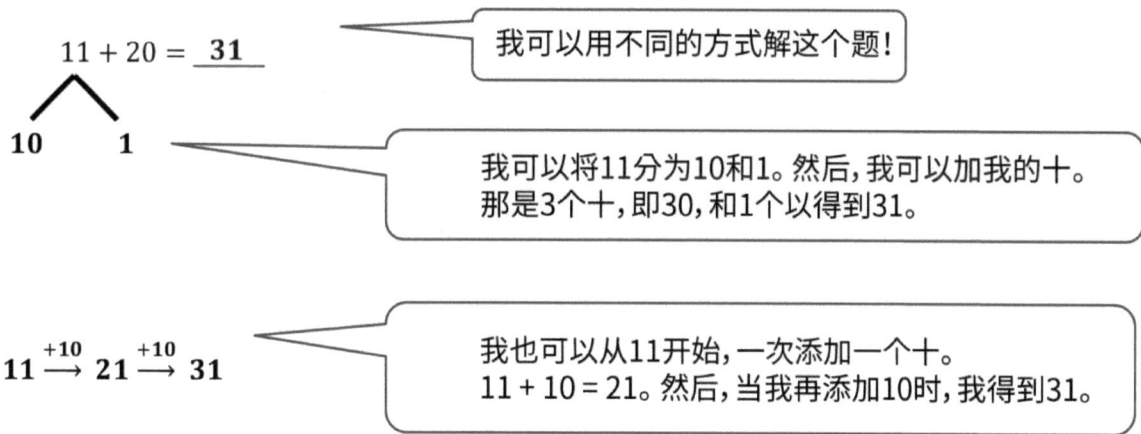

第十六课： 个位和个位或十位和十位的加法。

姓名 _____   日期 _____

绘制快速十和一来帮助求解加法题。

1.

17 + 2 = _____

2.

17 + 3 = _____

3.

14 + 3 = _____

4

24 + 10 = _____

建立数字键，或使用箭头方式求解加法题。

5.

6 + 24 = _____

6.

14 + 20 = _____

7. 求解每道加法算式并匹配。

a.

22 + 1 = _____

b.

13 + 6 = _____

c.

3 + 26 = _____

d.

37 + 3 = _____

e.

22 + 10 = _____

(右侧图示：)

10 10   1 1
   10

||| •••
     •••
     •••

10 10   1 1
         1

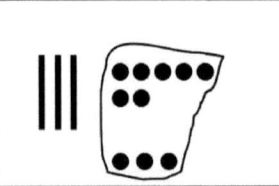

13 + 6
 /\
10 3

1. 使用快速十的图画或数字链来得到真数字算式。

   a. 13 + 10 = __23__

   b. 25 + 5 = __30__
   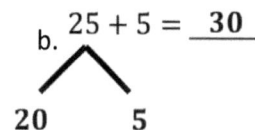

   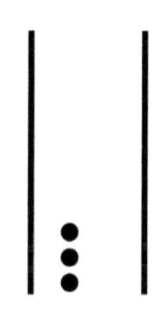

   5 + 5 = 10

   10 + 20 = 30

   我可以画13，然后再加上另外的快速个。让我数一数我现在所拥有的：10、20，…, 23。

   我可以将25分为20和5。我将5和5相加得出下一个十。下一个十是30。

2. 您是如何求解习题1(a) 的? 您为什么选择那样求解?

   我选择使用快速十图画，因为我只需要再绘制 1 个十。这种方法可以快速显示 13 + 10 = 23 。

3. 您是如何求解习题1(b) 的? 您为什么选择那样求解?

   我使用数字键，因为我想看一下我有的部分。当我将 25 分解为 20 和 5 时，我看到我可以相加 5 和 5 得到一个新的十。

姓名 _____ 日期 _____

使用快速十的图画或数字链来得到正确数字算式。

1. 13 + 20 = _____	2. 23 + 6 = _____
3. 10 + 23 = _____	4. 28 + 6 = _____
5. 26 + 7 = _____	6. 20 + 17 = _____

7. 您是如何求解习题5的？您为什么选择那样求解？

第十七课： 个位和个位或十位和十位的加法。

使用快速十图画或数字链求解。

8. 23 + 9 = _____	9. 27 + 7 = _____
10. 24 + 10 = _____	11. 20 + 18 = _____
12. 28 + 9 = _____	13. 29 + 9 = _____

14. 您是如何求解习题11的？您为什么选择那样求解？

1. 两个学生使用不同的方法求解以下加法题。他们俩都正确吗？为什么或者为什么不？

   28 + 5 = ___33___

   28 →(+2) 30 →(+3) 33

   该学生使用箭头的方式来获取答案。他使用2以得到30，然后再添加3得到33。这意味着他总共加了5，得到33。没错。

   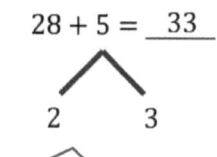

   28 + 5 = ___33___

   这位学生分解了5来达到下一个10。她需要2来达到30。然后她加了其余部分来达到33。那是正确的。

   他们都是正确的。 28 加 5 是 33 。第一个学生使用箭头的方式来表达自己的想法。那位学生加 2 得到 30，然后再加 3，因为他必须将 5 加在一起。的第二个学生用数字键来说明她如何得到 33 的。

2. 另外两名学生使用快速十求解以下所示的相同习题。他们俩都正确吗？为什么或者为什么不？

   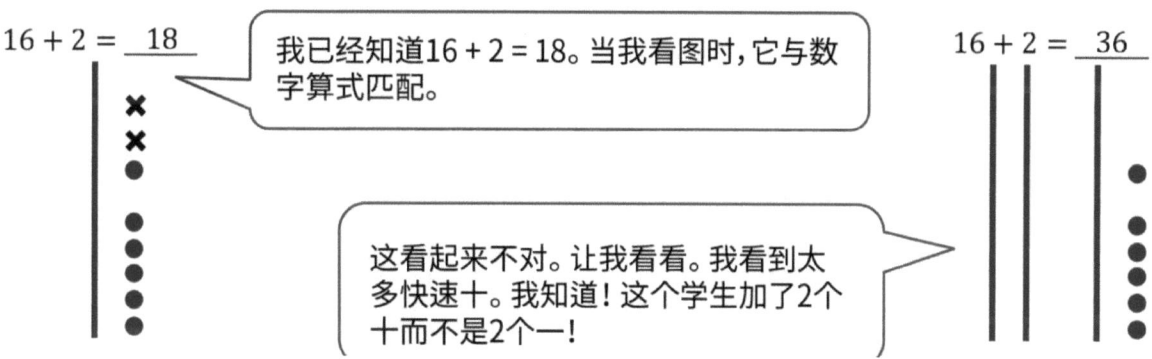

   16 + 2 = ___18___

   我已经知道16 + 2 = 18。当我看图时，它与数字算式匹配。

   16 + 2 = ___36___

   这看起来不对。让我看看。我看到太多快速十。我知道！这个学生加了2个十而不是2个一！

   第一个学生是正确的。第二个学生是不正确的。第二个学生相加快速十，而不是一。他相加太多了。

第十八课： 分享并评论两位数相加的对等策略。

3. 圈出所有正确的学生解题方法。

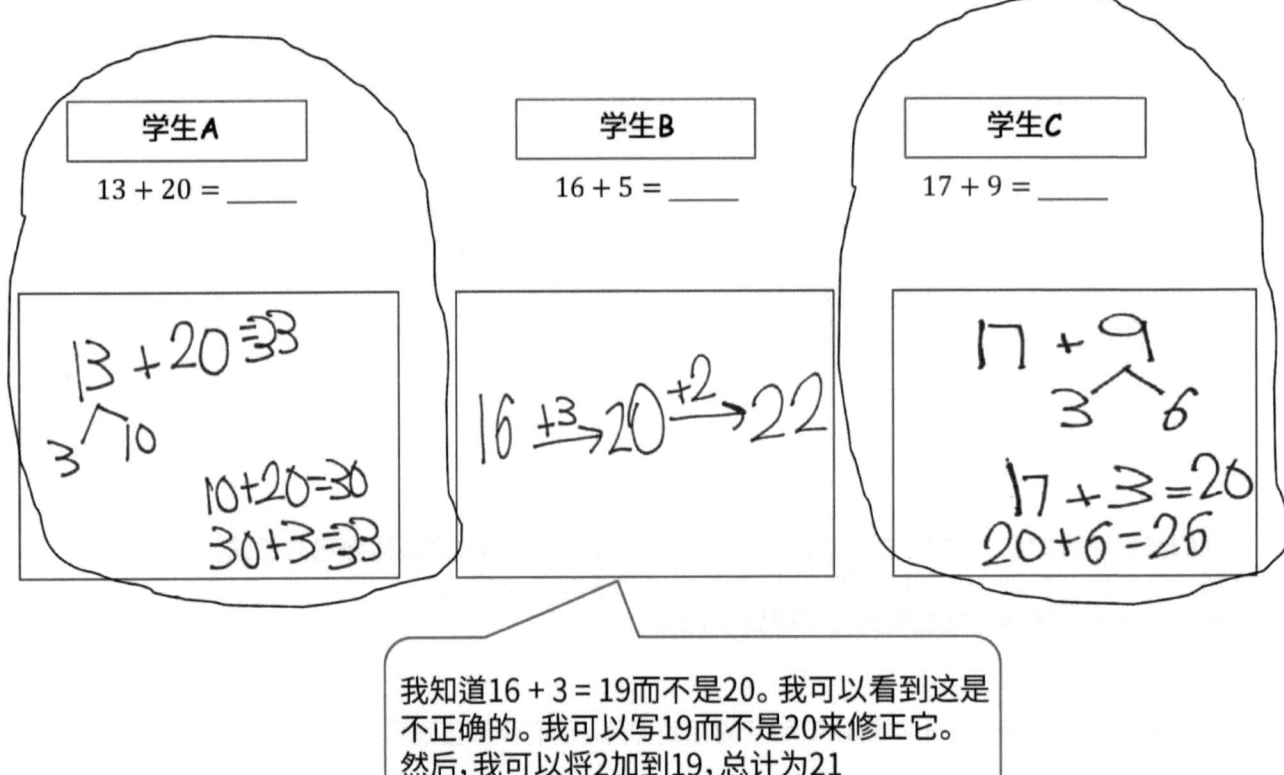

我知道16 + 3 = 19而不是20。我可以看到这是不正确的。我可以写19而不是20来修正它。然后,我可以将2加到19,总计为21

通过在下面的空间中绘制一张或多张新图纸来修正不正确的学生解题方法。

选择正确的学生解题方法,并提出改进建议。

学生A的解题方法无需分解13 即可求解。我可以添加2 个十到13 。我可以在头脑中完成, 得到答案33 。

姓名 _____   日期 _____

1. 两个学生使用不同的方法求解了以下加法题。

$$18 + 9$$

```
18 + 9 = 27
      ╱╲
     2  7
18 + 2 = 20
20 + 7 = 27
```

```
18 + 9 = 27
18 →+2 20 →+7 27
18 + 2 = 20
20 + 7 = 27
```

它们俩都正确吗？为什么或者为什么不？

2. 另外两个学生用快速十来求解同一道题。

```
18 + 9 = 29

20 + 9 = 29
```

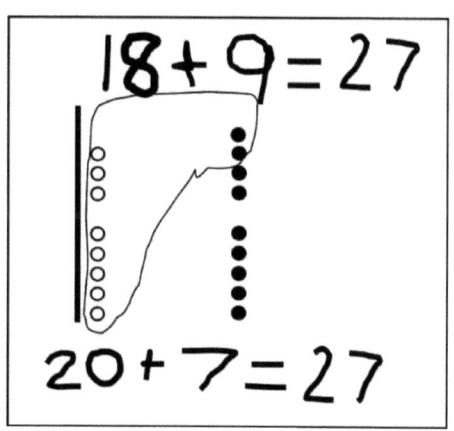

它们俩都正确吗？为什么或者为什么不？

3. 圈出所有正确的学生解题方法。

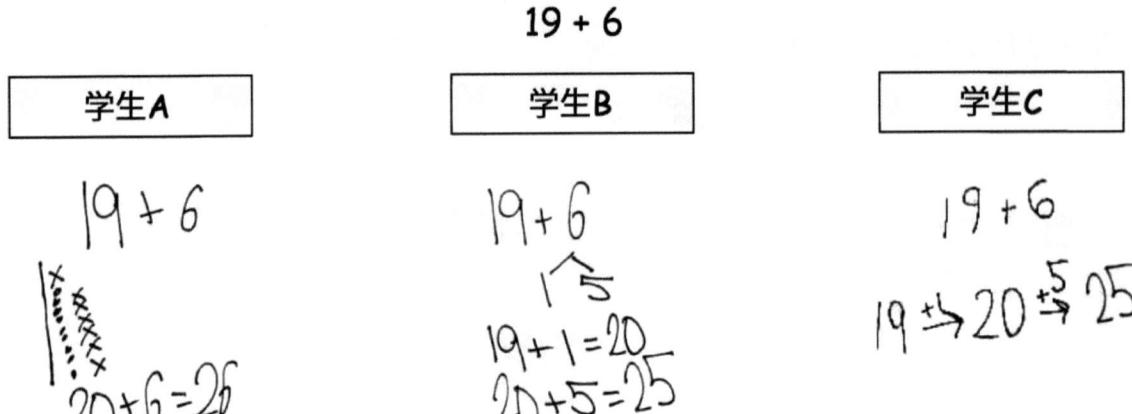

通过在下面的空间中绘制一张或多张新图纸来修正不正确的学生解题方法。

选择正确的学生解题方法，并提出改进建议。

单位的故事 第十九课家庭作业助手 1•4

使用读-画-写流程解题。

约翰有5辆红色赛车和12辆蓝色赛车。约翰总共有几辆赛车?

我可以为红色赛车画5个圆圈。我将圆圈放在矩形中以使其整理有序。我用数字5和字母R标记我的绘图,所以我知道这个矩形代表5辆红色赛车。

我将两个矩形连接起来,然后画一个带有问号的字母T的方框,因为这是总数 当我求出总数时,我会知道习题的答案。

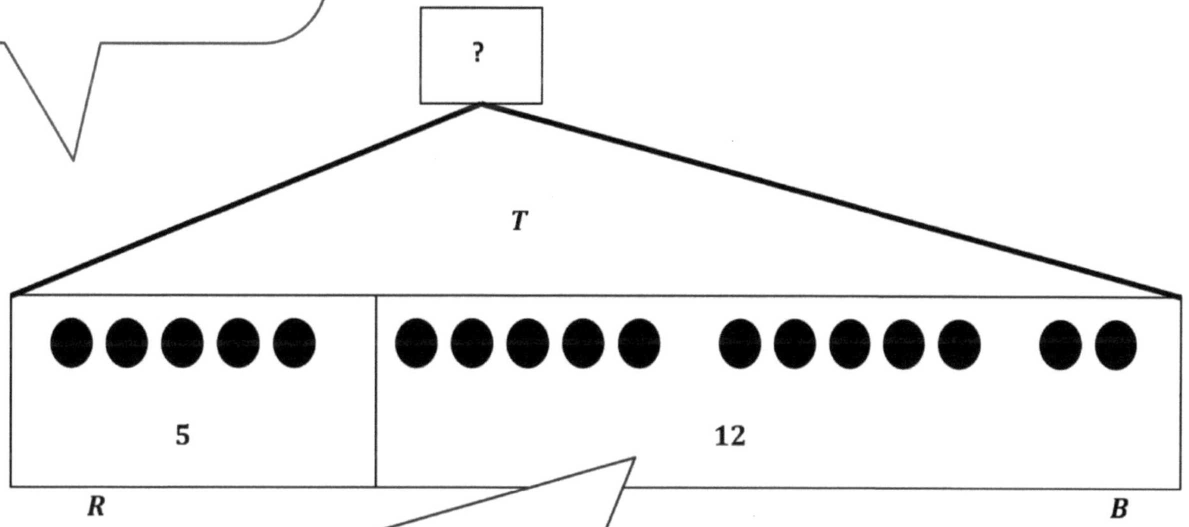

我可以为蓝色赛车画12个圆圈。我整理我的圆圈,然后将其放在标有数字12和字母B的矩形中,,这样我就知道这个矩形代表12辆蓝色赛车。

$5 + 12 = \boxed{17}$

我围绕17画一个方框,因为它是总数,并回答了习题。读-画-写的最后一部分是写。我可以写一个陈述句来答题。

约翰有 17 辆赛车。

第十九课: 使用带形图作为表示来求解总数未知的组合/拆分和结果未知的加法文字题。

姓名 _____ 日期 _____

读文字题。
画带形图并标记。
写一个算式和一个陈述以匹配故事。

1. 达尼尔正在玩他的4个红色机器人。本和他的13个蓝色机器人加入进来。他们总共有几个机器人？

   他们有 _____ 个机器人。

2. 罗斯和埃米参加了跳绳比赛。罗斯跳了14次，艾米跳了6次。罗斯和埃米跳了多少次？

   他们跳了 _____ 次。

3. 佩德罗数了起飞的飞机和在机场降落的飞机。他看见 7架飞机起飞, 6架飞机降落。他一共数了几架飞机？

佩德罗数了 _____ 架飞机。

4. 塔姆拉和威利在篮球比赛中为球队赢得了所有分数。塔姆拉得到13分, 威利得到5分。他们的球队在比赛中的得分是多少？

球队得了 _____ 分。

使用读-画-写流程解题。

> 我可以画什么?

1. 玛丽本月有14次练习。7次练习在放学后,其余的在晚上练习。晚上有几次练习?

> 读完问题後,我知道什么?

> 我知道总数或全部。我可以在5-组行中绘制14个圆圈,以表示练习总数。

T
14

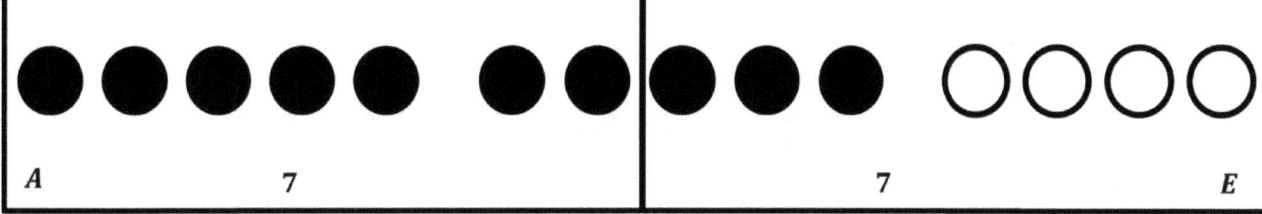

A 7   7 E

> 我知道放学后有7次练习。我可以围绕7个圆圈绘制一个矩形,以表示放学后的7次练习。我用字母A标记矩形表示放学后。

> 我围绕其余的圆圈绘制一个矩形。这代表晚上的练习。我数了数圆圈,看到晚上有7次练习。我用字母E标记矩形表示晚上。

$14 - 7 = \boxed{7}$

> 我围绕7画了一个矩形,因为7是习题的答案。

玛丽晚上有 7 项练习。

第二十课: 求解各种类型习题时,识别并利用带状图中的部分与整体的关系。

2. 凯特琳把一些贴纸贴给了她的朋友。她开始有 18 张贴纸,现在她仍然有 12 张贴纸剩下。凯特琳给了她的朋友几张贴纸?

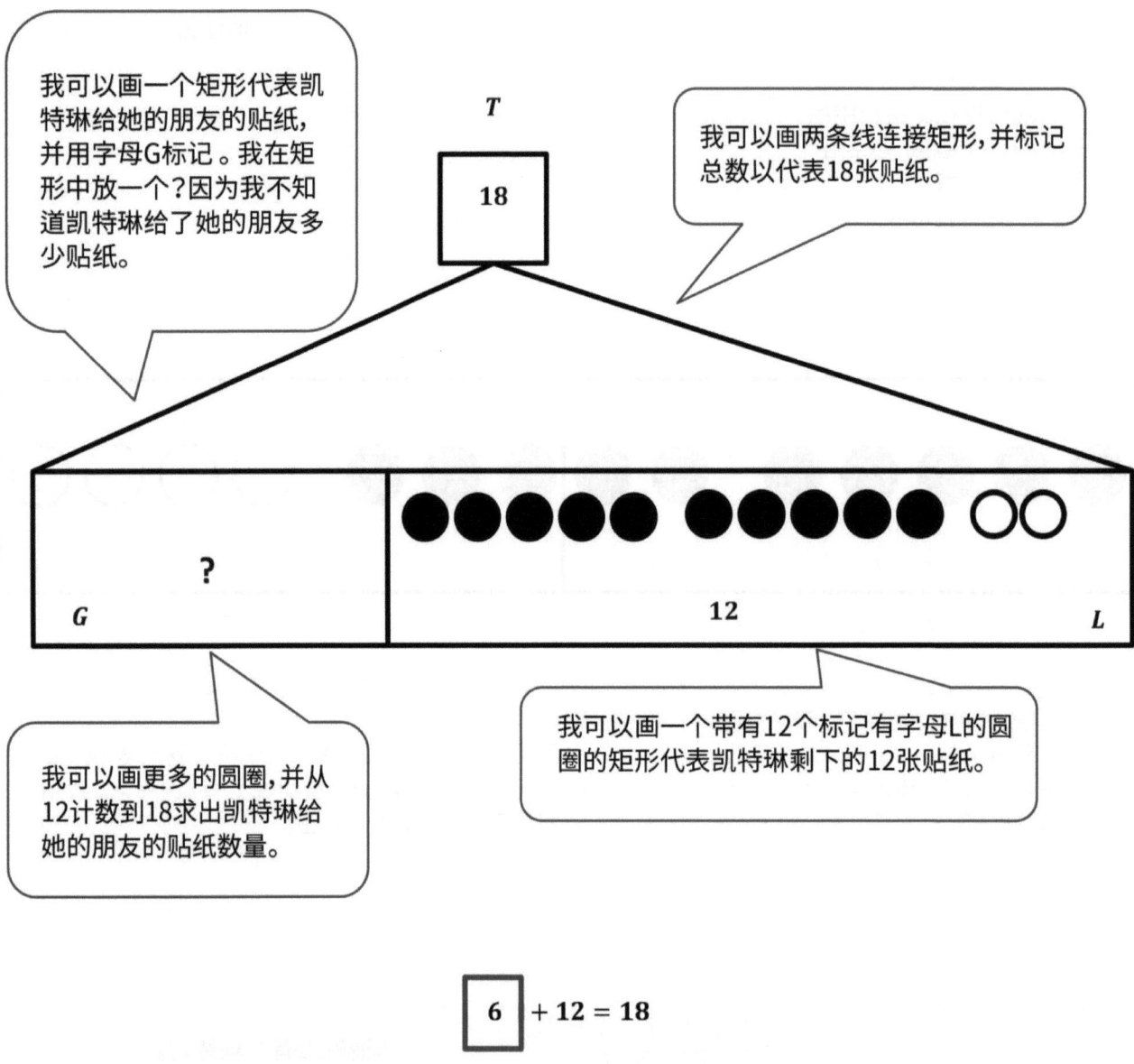

卡特琳给她朋友 6 张贴纸。

姓名 _____   日期 _____

读文字题。
带形图并标记。
写一个算式和一个陈述以匹配故事。

1. 罗斯本月有12次足球练习。下午有6次练习，其余是在早晨。早上有几次练习？

   罗斯上午有 _____ 次练习。

2. 本抓了16条鱼。他把一些放回湖中。他带回了7条鱼。他在湖里放了几条鱼？

   本在湖中放了 _____ 条鱼。

3. 尼基在第一个冲刺练习中解答了9道题。他在第二个冲刺中解答了11道题。他在两个冲刺练习中解答了多少习题？

尼基在冲刺练习中求解了 _____ 道题。

4. 珊妮卡将一些书还给了图书馆。她起初有16本书，但还剩下13本书。她还回到图书馆了几本书？

珊妮卡还回了图书馆 _____ 本书。

使用读-画-写流程解题。

艾米做了一个手镯，长 13 厘米。手镯不合适，所以她延长了手镯。现在手镯是 17 厘米长。艾米将手镯增加了几厘米？

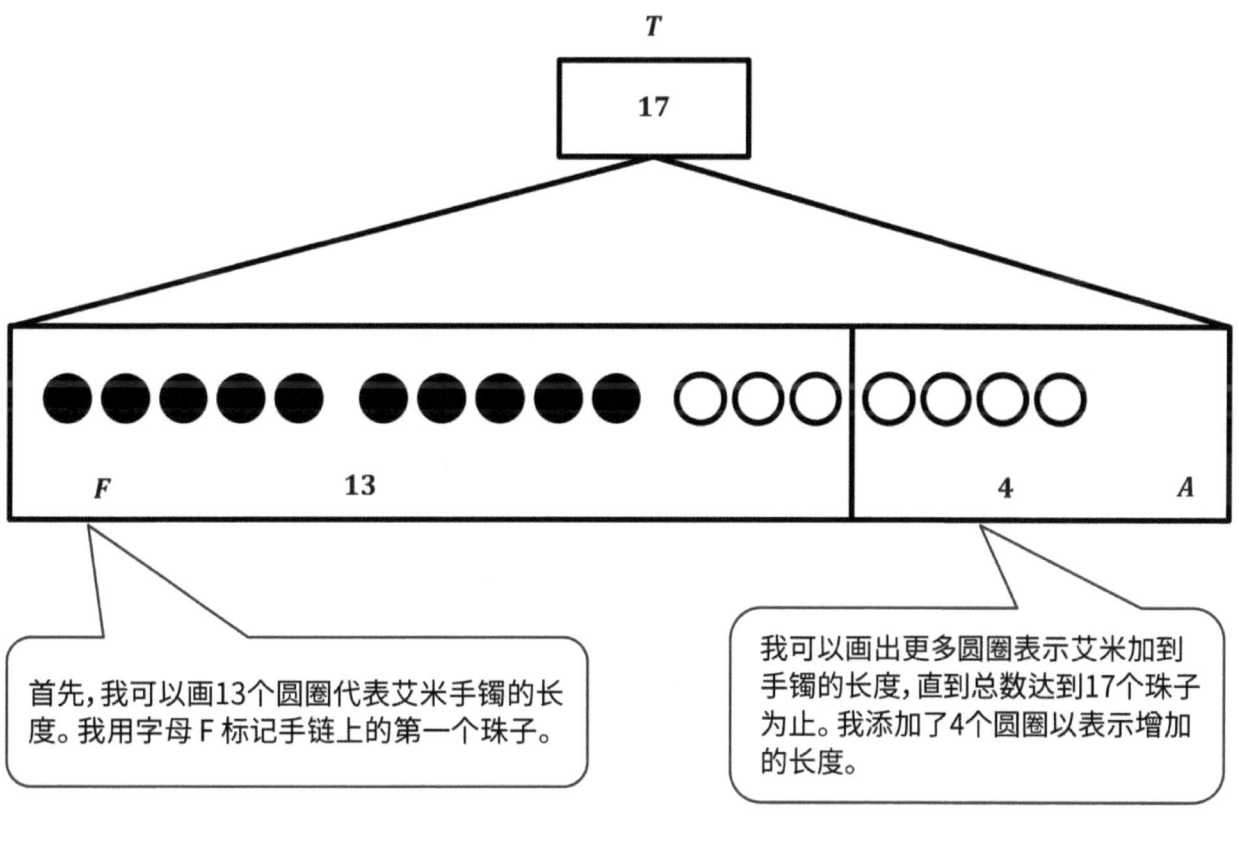

$13 + \boxed{4} = 17$

艾米添加了 4 厘米到手镯。

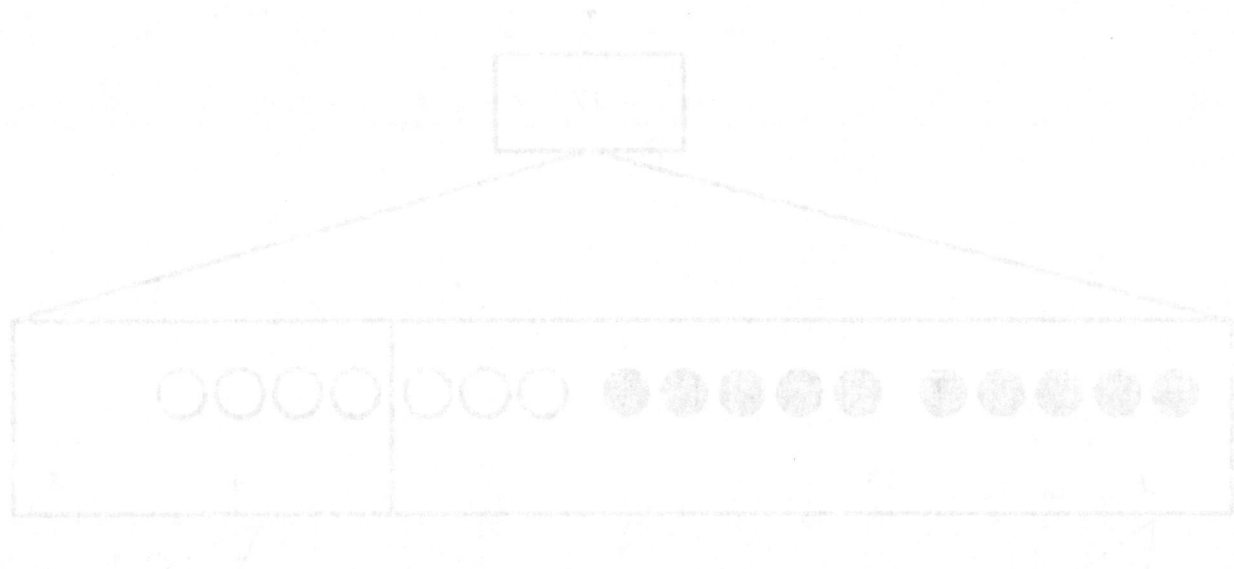

姓名 _____   日期 _____

读文字题。
画带形图并标记。
写一个算式和一个陈述以匹配故事。

1. 法蒂玛的书包里有12支彩色铅笔。她还有6支普通铅笔。法蒂玛有几支铅笔？

   法蒂玛有 _____ 支铅笔。

2. 朱利奥早上游泳7圈。下午，他又游了几圈。他总共游泳了14圈。他下午游泳了几圈？

   朱利奥下午游泳了 _____ 圈。

3. 彼得制作了18个模型。他制作了13架飞机和一些汽车。他制作了多少辆汽车模型？

   彼得制作了 _____ 辆汽车模型。

4. 凯安娜在海滩上发现了一些贝壳。她给了哥哥8枚贝壳。现在,她还剩下9个贝壳。凯安娜在海滩上发现了多少枚贝壳?

凯安娜找到了___个贝壳。

单位的故事 第二十二课家庭作业助手 1•4

使用带形图编写各种文字题。如果需要，请使用词库。编写故事后，请记住标记模型。

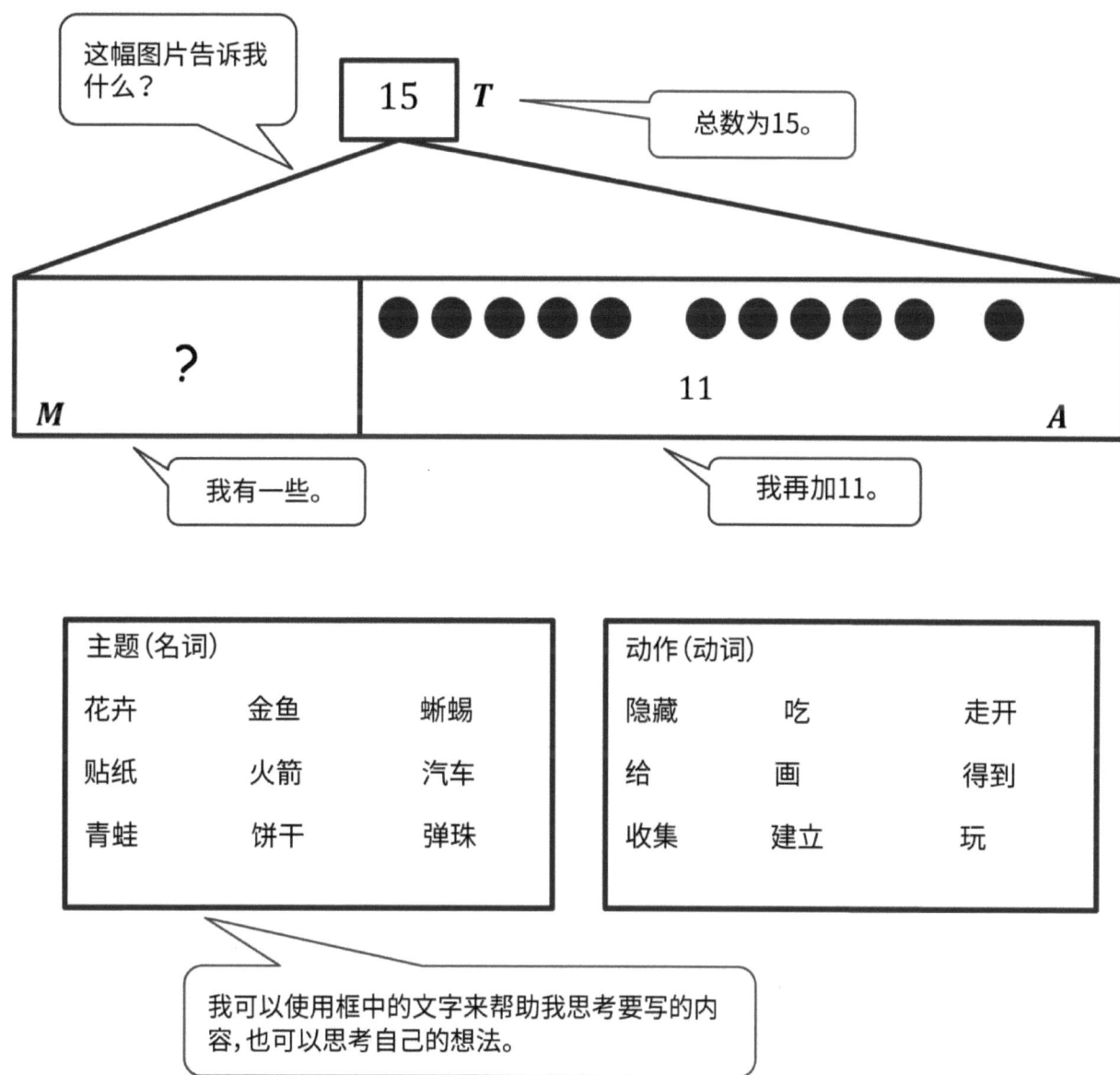

贝丝早晨为她妈妈摘了一些花。她下午又采摘了 11 朵花。现在她有 15 朵花给她妈妈。贝丝早上摘了几束花？

第二十二课： 写各种类型的文字题。

单位的故事 | 第二十二课家庭作业 1•4

姓名 _____   日期 _____

使用带形图编写各种文字题。如果需要,请使用词库。编写故事后,请记住标记模型。

主题(名词)		
花卉	金鱼	蜥蜴
贴纸	火箭	汽车
青蛙	饼干	弹珠

动作(动词)		
隐藏	吃掉	走开
给出	绘画	得到
收集	制作	玩游戏

1.

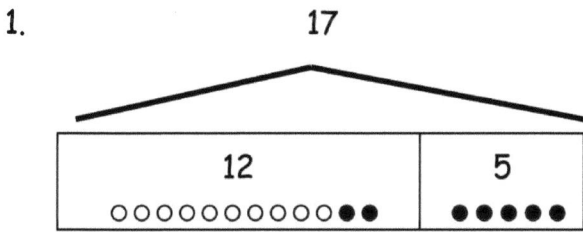

第二十二课: 写各种类型的文字题。

2.

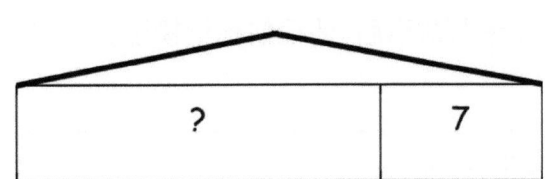

1. 填空，并匹配显示相同数量的数字对。

   我可以匹配这些图片，因为它们都显示32。3个十2个一等于2个十12个一。如果我在右图中打包数丛10个一，那将是3个十2个一。

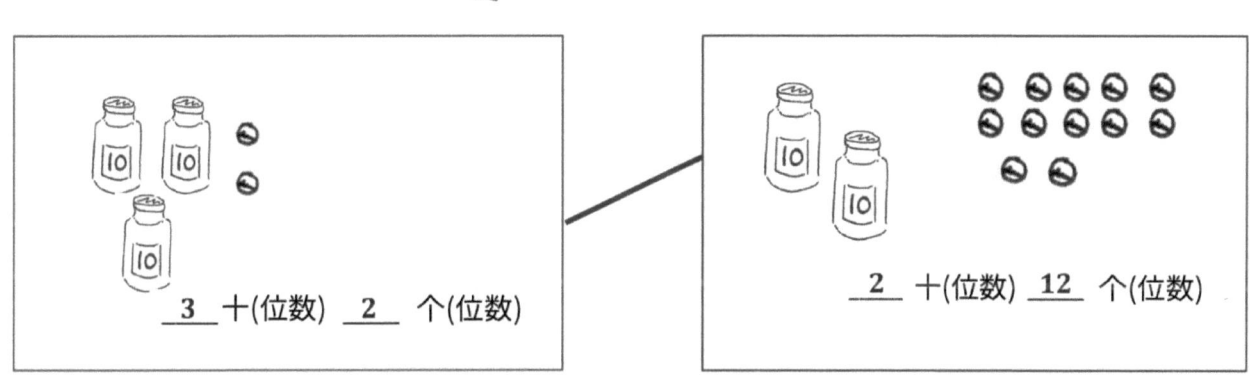

2. 匹配显示相同金额的位值图表。

   位值图表显示十位数和个位数的数量。个位数可以有9个以上。2个十15个一是35。

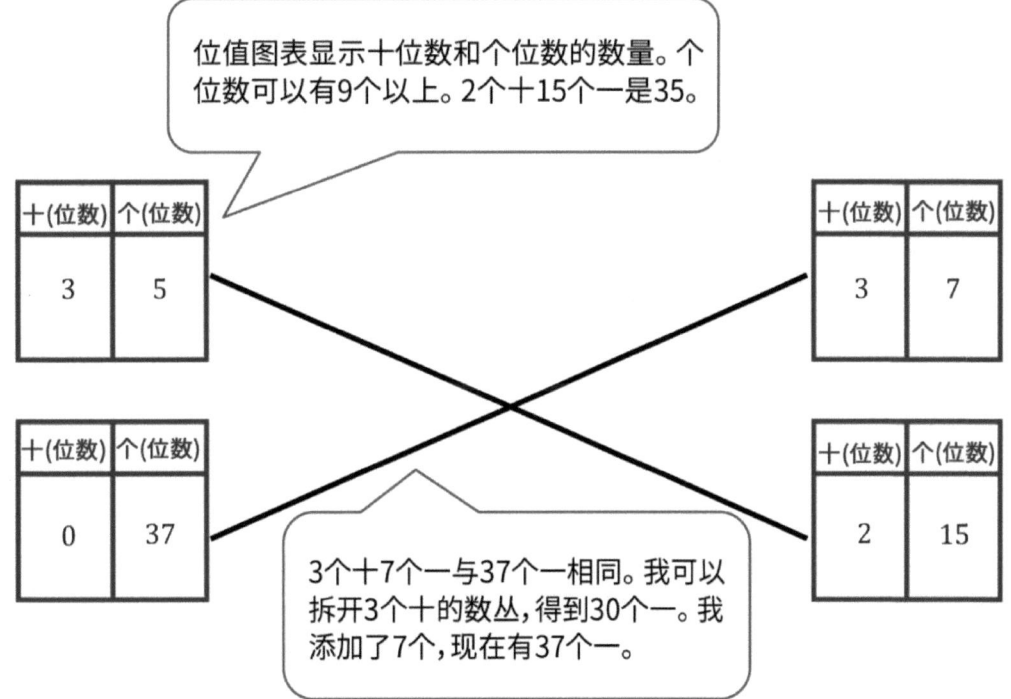

   3个十7个一与37个一相同。我可以拆开3个十的数丛，得到30个一。我添加了7个，现在有37个一。

第二十三课：将两位数理解为十位数和个位数，包括个位数大于9的数。

3. 埃米说 29 等于 1 个十 19 个一，本说 29 等于 2 个十 19 个一。绘制快速十以说明艾米还是本是正确的。

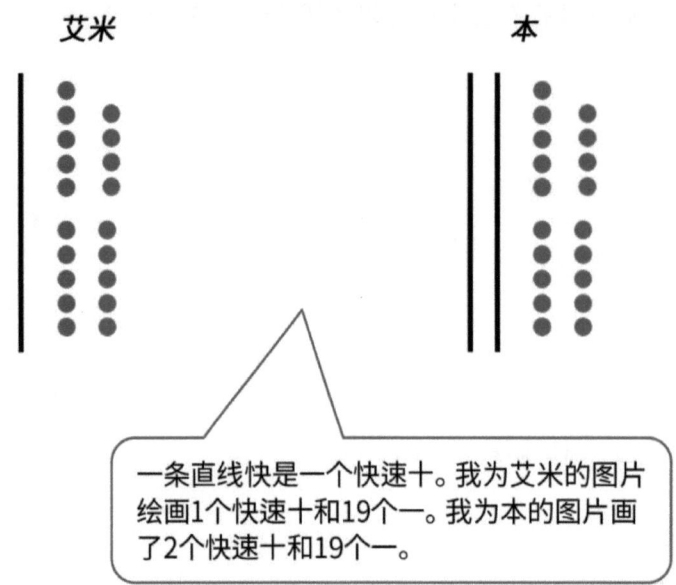

一条直线快是一个快速十。我为艾米的图片绘画1个快速十和19个一。我为本的图片画了2个快速十和19个一。

埃米是正确的，因为 1 个十 19 个一等于 29 。本不正确，因为 2 个十 19 个一等于 39，而不是 29。

姓名 _____ 日期 _____

1. 填空，并匹配显示相同数量的数字对。

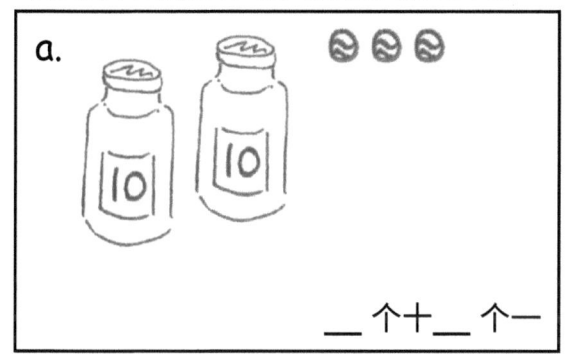

___ 个十 ___ 个一

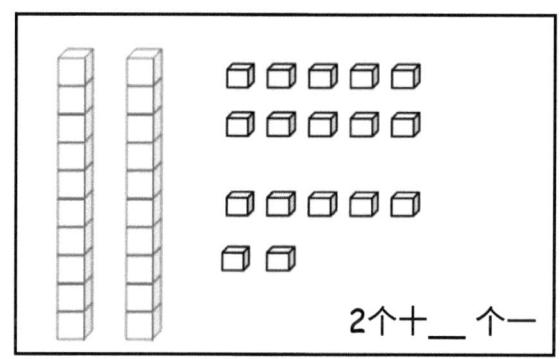

2个十 ___ 个一

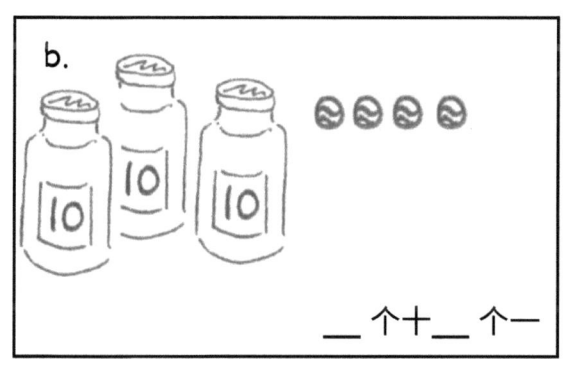

___ 个十 ___ 个一

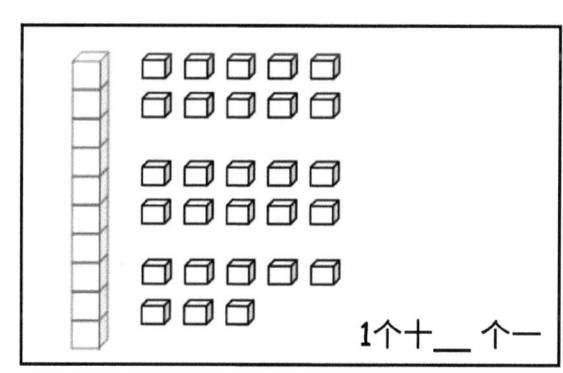

1个十 ___ 个一

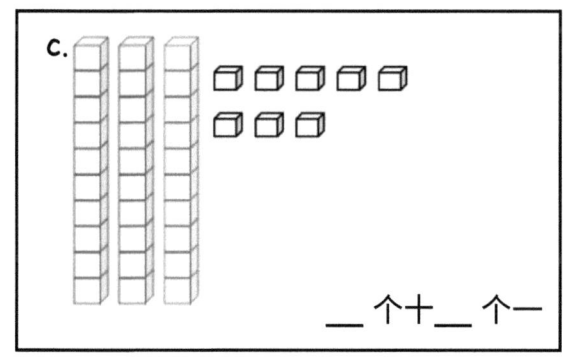

___ 个十 ___ 个一

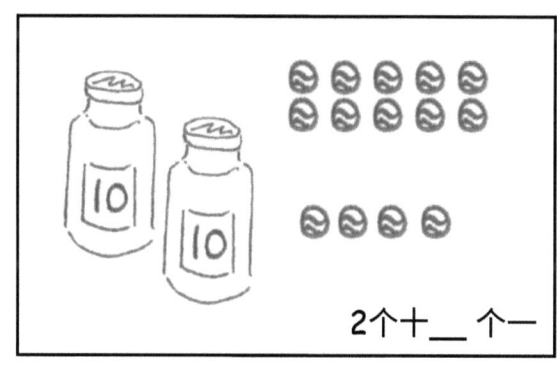

2个十 ___ 个一

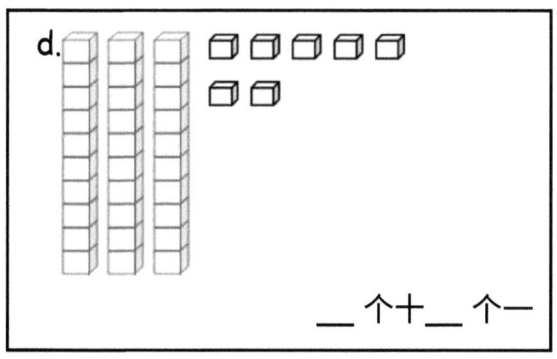

___ 个十 ___ 个一

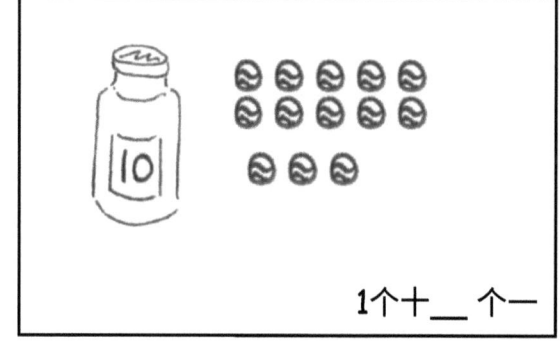

1个十 ___ 个一

2. 匹配显示相同数额的数位表。

a.
十(位数)	个(位数)
2	18

十(位数)	个(位数)
3	8

b.
十(位数)	个(位数)
1	16

十(位数)	个(位数)
2	1

c.
十(位数)	个(位数)
0	21

十(位数)	个(位数)
2	6

3. 检查每个正确的算式。

☐ a. 35和1个十25个一相同。　　☐ b. 28和1个十18个一相同。

☐ c. 36与2个十16个一相同。　　☐ d. 39与2个十19个一相同。

4. 艾米说37与1个十27个一相同,而本说37与 2个十7个一相同。绘制快速十以显示艾米或本是否正确。

单位的故事　　　　　　　　　　　　　　　　　　　　　第二十四课家庭作业助手　　1•4

1. 使用数字链求解。写下显示你首先添加10的两个数字算式。如果有帮助，画出快速十和一。

a.
15 + 13 = __28__

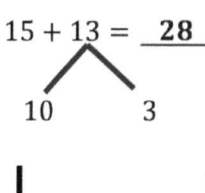

15 + 10 = 25
25 + 3 = 28

> 我用快速十和一画15。我可以将13分为10和3。我加15和10，等于25。我将3个一加到25。我用x的倍数表示要添加3个一。

b.
16 + 23 = __39__

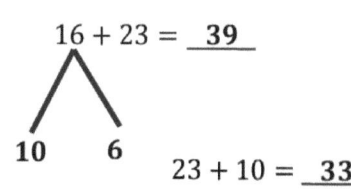

23 + 10 = __33__
__33__ + 6 = __39__

> 我想先加10，所以我用数字键将16分成10和6。我加10到23，得到33。然后，我将33和6相加，这是我的答案39。

2. 使用数字链求解。

a.
17 + 23 = __40__

10　7

23 + 10 = 33
33 + 7 = 40

> 我可以使用数字链将17分为10和7。我将10和23相加，等于33。然后，我将33和7相加得到40的答案

b.
22 + 18 = __40__

10　8

> 我没有写两个数字算式，因为我可以心算相加。

第二十四课：　当一位数的和小于或等于10时，添加一对两位数。

姓名 _____ 日期 _____

1. 使用数字链求解。写出两个数字算式，表示先加了十。如果有帮助，画出快速十和一。

a.
13 + 16 = ____
      /\
    10 3

16 + 10 = 26

26 + 3 = 29

b.
16 + 23 = ____
      /\
    10 6

23 + 10 = ____

____ + 6 = ____

c.
16 + 14 = ____
      /\
    10 4

16 + 10 = ____

____ + 4 = ____

d.
14 + 26 = ____
      /\
    10 4

26 + 10 = ____

____ + ____ = ____

e.
17 + 13 = ____
      /\
    10 3

___ + ___ = ____

___ + ___ = ____

f.
27 + 13 = ____
      /\

___ + ___ = ____

___ + ___ = ____

单位的故事 第二十四课家庭作业 1•4

2. 使用数字链求解。(a)部分已为你启动。

a.
14 + 13 = _____

     /\
   10   3

____ + ____ = _____

____ + ____ = _____

b.
24 + 14 = _____

____ + ____ = _____

____ + ____ = _____

c. 15 + 14 = _____

d. 24 + 15 = _____

e. 22 + 17 = _____

f. 27 + 12 = _____

g. 18 + 12 = _____

h. 28 + 12 = _____

第二十四课： 当一位数的和小于或等于10时，添加一对两位数字。

1. 使用数字链求解。这次,先加十。写下两个数字算式以说明你的解题方法。

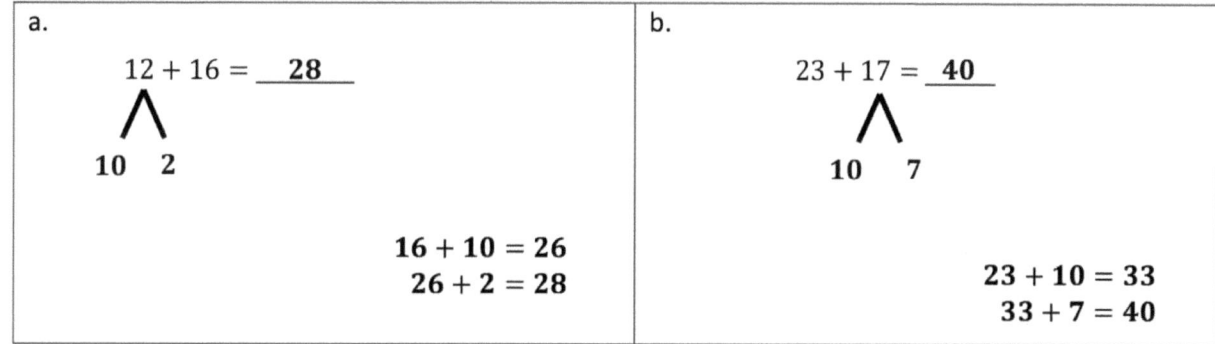

我需要先添加十位数。我可以将12分解成10和2,然后再将10加到16中。10 + 16 = 26。我还要添加2:26 + 2 = 28。

2. 使用数字链求解。这次,先加一。写下两个数字算式以说明你的解题方法。

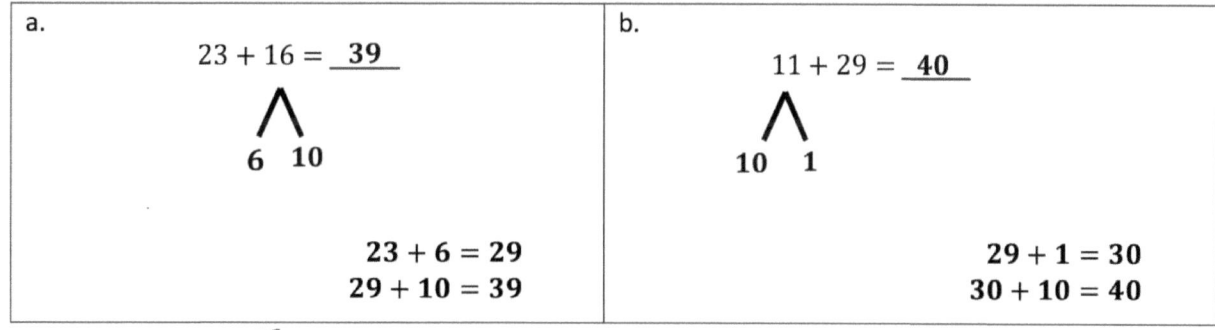

我仍然可以将16分为6和10,但是这次首先将6个一加到23中。

我注意到当我添加个位数时,结果是下一个10。

第二十五课: 当一位数的和小于或等于10时,添加一对两位数字。

姓名 _____ 日期 _____

1. 使用数字链求解。这次，先加十。写下两个数字算式以显示你的解题方法。

a.
12 + 14 = _____

b.
14 + 21 = _____

c.
15 + 14 = _____

d.
25 + 14 = _____

e.
23 + 16 = _____

f.
16 + 24 = _____

单位的故事　　　　　　　　　　　　　　　　　　　　　　第二十五课家庭作业　1•4

2. 使用数字链求解。这次，先加一。写下两个数字算式以显示你的解题方法。

a. 27 + 10 = _____	b. 27 + 13 = _____
c. 13 + 26 = _____	d. 26 + 14 = _____
e. 12 + 18 = _____	f. 18 + 21 = _____
g. 19 + 11 = _____	h. 21 + 19 = _____

第二十五课：　当一位数的和小于或等于10时，添加一对两位数字。

1. 使用数字链先加十求解。写下两个对你有帮助的算式。

   > 我需要使用十加优先策略。我将其中一个数字分解为10和一些个位数。

   a. $25 + 14 =$ __39__

      10   4

      $25 + 10 =$ __35__

      __35__ + __4__ = __39__

   b. $19 + 15 =$ __34__

      10   5

      $19 + 10 =$ __29__

      __29__ + __5__ = __34__

   > 将数字加10很容易。我知道25 + 10 = 35。现在，我只需要添加个位数；这也很容易。

2. 使用数字链先得到十求解。写下对你有帮助的两个数字算式。

   a. $16 + 19 =$ __35__

      15   1

      __19__ + 1 = __20__

      __20__ + 15 = __35__

   b. $18 + 14 =$ __32__

      2   12

      __18__ + __2__ = __20__

      __20__ + __12__ = __32__

   > 16被分解为15和1，因为19再需要1来得到下一个十。

   > 我还可以选择将18分解为6和12，因为我可以用6和14得到下一个十。

第26课： 当一位数的和大于10时，添加一对两位数。

姓名 _____ 日期 _____

1. 使用数字链先加十求解。写下另外两个对你有帮助的算式。

a.
18 + 13 = ____
   /\
10   3

18 + 10 = 28
28 + 3 = 31

b.
13 + 19 = ____
   /\
10   3

19 + 10 = 29
29 + 3 = 32

c.
17 + 15 = ____
   /\
10   5

17 + 10 = _____
____ + 5 = _____

d.
17 + 16 = ____
   /\
10   6

17 + 10 = _____
____ + 6 = _____

e.
17 + 14 = ____
   /\
10   4

17 + 10 = _____
____ + ____ = _____

f.
19 + 17 = _____
   /\
10   7

19 + 10 = _____
____ + ____ = _____

第二十六： 当一位数的和大于10时，添加一对两位数。

单位的故事   第二十六课家庭作业   1•4

2. 使用数字链先得到十求解。写下对你有帮助的2个数字算式。

a. 19 + 13 = _____
     /\
   1   12

19 + 1 = 20

20 + 12 = 32

b. 19 + 14 = _____
     /\
   1   13

19 + 1 = 20

20 + 13 = 33

c. 18 + 15 = _____
     /\
   2   13

18 + 2 = ____

20 + 13 = ____

d. 18 + 17 = _____
     /\
   2   15

18 + 2 = ____

____ + 15 = ____

e. 18 + 19 = ____
    /\
  17 1

____ + 1 = ____

____ + 17 = ____

f. 19 + 19 = ____
    /\
  18 1

____ + ____ = ____

____ + ____ = ____

第二十六： 当一位数的和大于10时，添加一对两位数。

对于以下习题，请使用你最有信心的策略进行求解。

1. 15 + 17 = __32__

   10 5

   17 + 10 = 27
   27 + 5 = 32

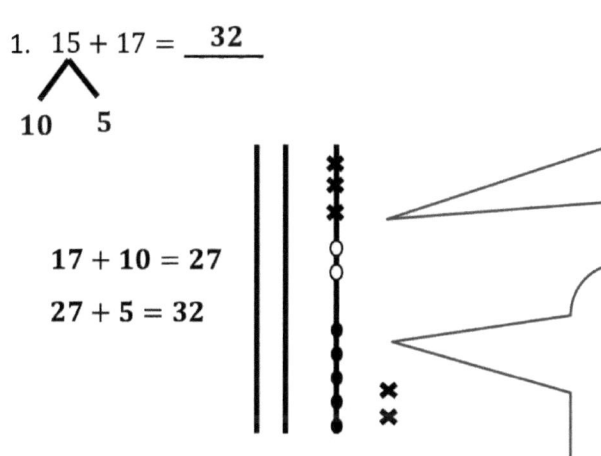

> 使用快速十和一的方法使我会感到更自在。我可以用快速十和7个一画17。我用5个闭合圆和2个开放圆来画一个个位数，以帮助我查看还需要多少个7来得到一个新的十。

> 我可以将15分解为10和5，并在17中的快速十添加一个快速十。现在，我只能再添加5。我使用x的倍数来绘制此部分，以帮助跟踪需要绘制的数量。我在17中的7个一中加了3个x。我通过圆和x画一条线，因为7和3得到一个十，我还有2个要画，我可以再画2个x。我的图显示32。

2. 18 + 14 = __32__

   18 + 10 = 28
   28 + 4 = 32

> 对于这题，使用十加优先策略使我感到很有信心，这意味着我将14分解10和4，然后再加上10和18，即得到28。我还要添加4。28和4是32。

3. 19 + 12 = __31__

   19 + 2 = 21
   21 + 10 = 31

> 对于这题，我觉得最有信心的是先添加个位数。12是十和2。我可以将2加到19，即得到21。然后，我可以快速添加10以得到答案。

4. 19 + 18 = __37__

   19 + 1 = 20
   20 + 17 = 37

> 对于这题，得到一个10我感到很轻松。我知道19还需要一个以得到20。我可以轻松地将18分解为1和17。

单位的故事　　　　　　　　　　　　　　　　　　　　　　　　第二十七课家庭作业　1•4

姓名 _____　　　日期 _____

1. 使用带有数字算式对的数字链来求解。您可以画出快速十和数个一帮助你。

a. 17 + 14 = _____	b. 16 + 15 = _____
c. 17 + 15 = _____	d. 18 + 13 = _____
e. 18 + 15 = _____	f. 18 + 16 = _____
g. 19 + 15 = _____	h. 19 + 16 = _____

第二十七：　　当一位数的和大于10时，添加一对两位数。

单位的故事　　　　　　　　　　　　　　　　　　　第二十七课家庭作业　1•4

2. 解题。您可以画出快速十和数个一帮助你。

a. 19 + 14 = _____

b. 19 + 17 = _____

c. 18 + 17 = _____

d. 16 + 16 = _____

e. 17 + 14 = _____

f. 15 + 16 = _____

g. 19 + 19 = _____

h. 18 + 18 = _____

第二十七：　当一位数的和大于10时，添加一对两位数。

使用快速十和一, 数字链或箭头方式求解。

1. 26 + 13 = __39__

$$26 \xrightarrow{+10} 36 \xrightarrow{+3} 39$$

> 我使用箭头方式解题, 因为我知道13是10和3。我可以先添加10以得到36, 然后添加3。我的答案是39。

2. 18 + 18 = __36__

```
      18
     /  \
    2    16
```

18 + 2 = 20
20 + 16 = 36

> 我使用数字链求解。我得到了十。我知道18再需要2就可以得到20, 所以我将另外的18分解为2和16。我将20和16相加得到36的答案。

3. 22 + 18 = __40__

> 我使用快速十和一求解。我可以画2个快速十和2个一。我可以再画18。18是1个十和8个一。

> 我可以使用圆圈画22在的2个一, 使用x的倍数在18中画8个一。当我这样做时, 我会重新创建一个十, 并在其中划一条线。

第二十八课: 加上一对两位数, 其个位数的和不同。

单位的故事　　　　　　　　　　　　　　　　　　　　　第 28 课 家庭作业　1•4

姓名 _____　　日期 _____

使用快速十和一，数字链或箭头方式求解。

a. 13 + 16 = _____	b. 15 + 16 = _____
c. 16 + 16 = _____	d. 26 + 12 = _____
e. 22 + 17 = _____	f. 17 + 15 = _____
g. 17 + 16 = _____	h. 18 + 17 = _____

第 28 课：　　加上一对两位数，其个位数的和不同。

115

单位的故事　　　　　　　　　　　　　　　　　　　　　　第 28 课 家庭作业　1•4

i. 24 + 13 = _____	j. 15 + 24 = _____
k. 19 + 16 = _____	l. 14 + 22 = _____
m. 27 + 12 = _____	n. 28 + 12 = _____
o. 18 + 17 = _____	p. 19 + 18 = _____

第 28 课：　　加上一对两位数，其个位数的和不同。

使用快速十和一,数字链或箭头方式求解。

1. $24 + 16 =$ __40__

   $24 \xrightarrow{+10} 34 \xrightarrow{+6} 40$

   > 我使用箭头方式解题,因为我知道16是10和6。我可以先将10加到24以得到34。我知道34和6是40。

2. $17 + 12 =$ __29__

   ```
      /\
     10 2
   ```

   > 我使用数字链求解。我相加17和10,得到27。然后我将27和2相加得到29的答案。我不需要写数字算式,因为我可以心算进行数学运算。

   > 这次我没有使用绘图解决任何习题。现在,使用箭头方式和数字链对我来说更有效。如果遇到困难了,我始终可以绘制快速十图片。

第二十九课: 加上一对两位数,其个位数的和不同。

姓名 _____ 日期 _____

1. 使用快速十图形，数字链或箭头方式求解。

a. 13 + 15 = _____	b. 26 + 12 = _____
c. 23 + 16 = _____	d. 17 + 16 = _____
e. 14 + 17 = _____	f. 27 + 12 = _____
g. 15 + 18 = _____	h. 18 + 16 = _____

第二十九课： 加上一对两位数，其个位数的和不同。

单位的故事

2. 使用快速十图形,数字链或箭头方式求解。

a. 17 + 12 = _____

b. 21 + 17 = _____

c. 17 + 15 = _____

d. 27 + 13 = _____

e. 23 + 14 = _____

f. 18 + 17 = _____

g. 18 + 11 = _____

h. 18 + 18 = _____

第二十九课： 加上一对两位数,其个位数的和不同。

1年级模块5

中年から始める

1. 圈出具有确切 3 个角的形状。

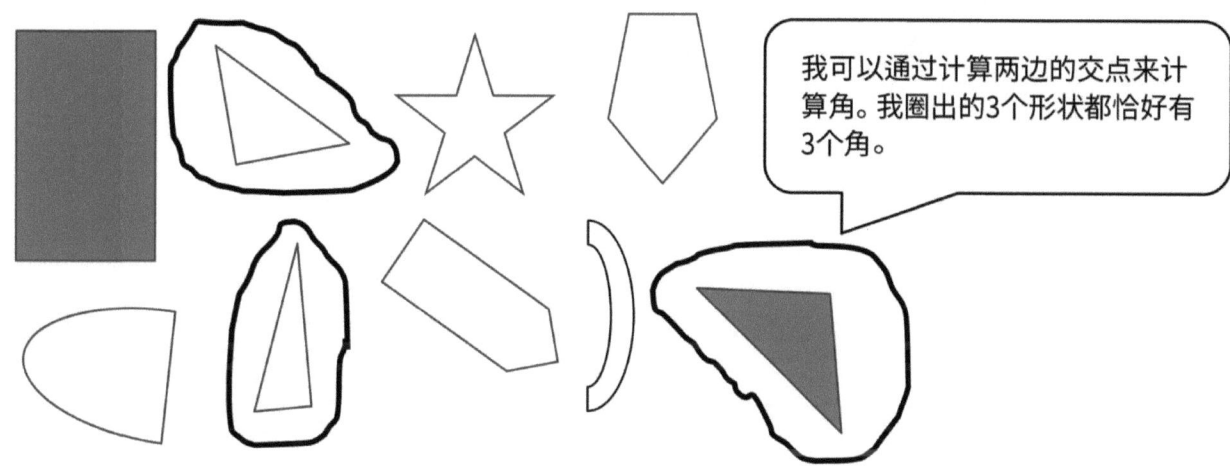

我可以通过计算两边的交点来计算角。我圈出的3个形状都恰好有3个角。

2. 圈出没有直角的形状。

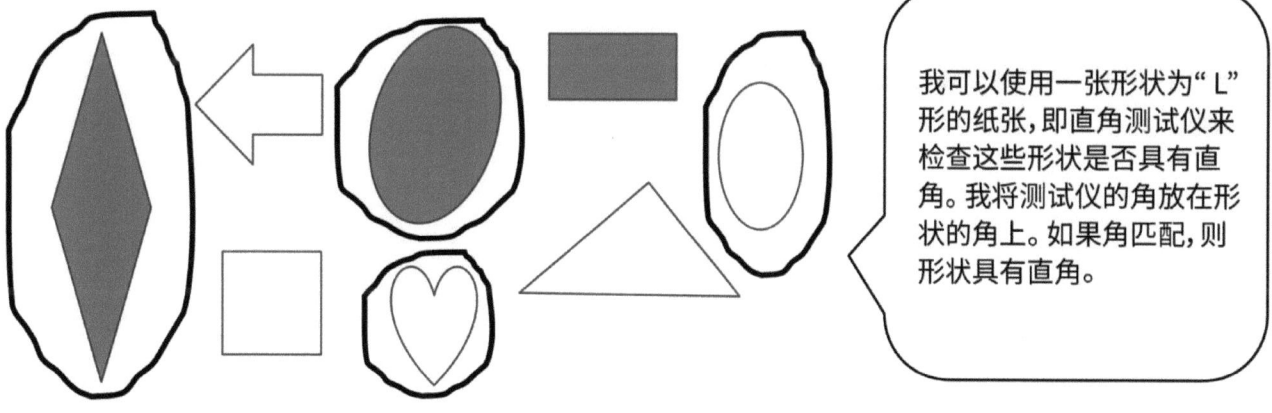

我可以使用一张形状为"L"形的纸张,即直角测试仪来检查这些形状是否具有直角。我将测试仪的角放在形状的角上。如果角匹配,则形状具有直角。

第一课： 根据使用例题,变量和非例题定义的属性对形状进行分类。

3. 圈出没有直边的形状。

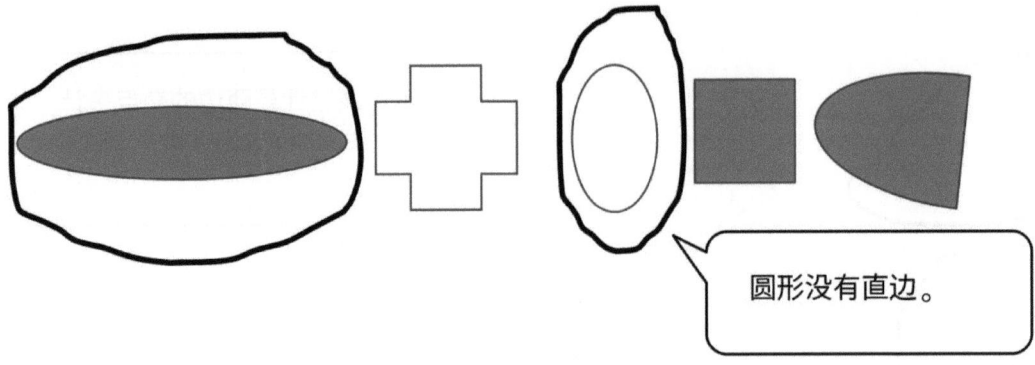

圆形没有直边。

4.
a. 绘制仅具有直角的形状。

b. 绘制另一个仅具有直角的形状，该形状与你在(a)部分中绘制的形状和上面的形状不同。

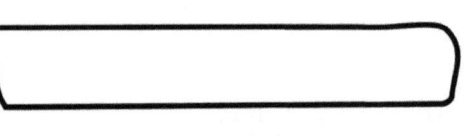

5. A组中所有形状的哪些属性或特征相同？

A组

 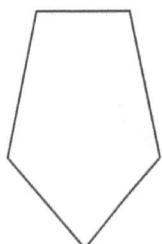 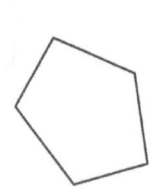 

他们都 __有5条直边__ 。

他们都 __有5个角__ 。

6.
   a. 圈出最适合习题5中A组的形状。

与A组的形状一样,此形状具有5个直边和5个角!

   b. 再绘制2个适合A组的形状。

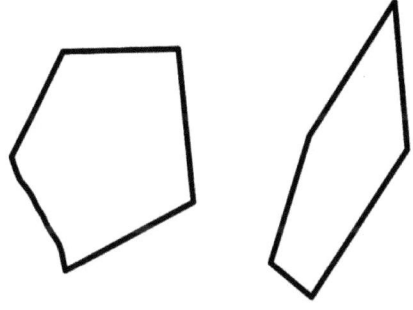

   c. 画出1种形状**不**适合A组。

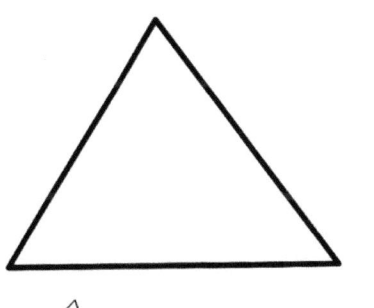

我可以绘制任何想要的形状,只要它没有5个直边和5个角即可!

第一课: 根据使用例题,变量和非例题定义的属性对形状进行分类。

姓名 _____   日期 _____

1. 圈出具有3条直边的形状。

2. 圈出没有角的形状。

3. 圈出只有直角的形状。

4.
a. 绘制一个具有4条直边的形状。	b. 再绘制一个具有4条直边的形状，该形状不同于4(a)和上面的形状。

第一课： 根据使用例题，变量和非例题定义的属性对形状进行分类。

5. A组中所有形状的哪些属性或特征相同?

A组

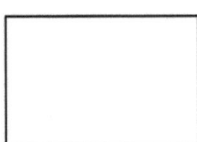  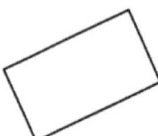  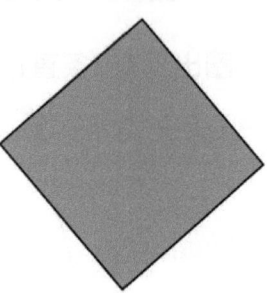

它们都 _____。

它们都 _____。

6. 圈出最适合A组的形状。

 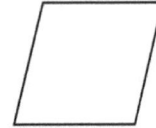 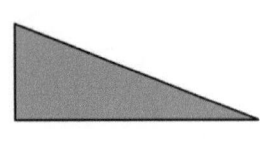 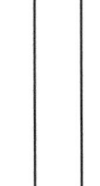 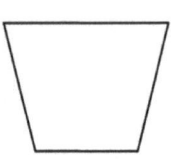

7. 再画2种适合A组的形状。	8. 画出1种**不**适合A组的形状。

单位的故事　　第二课家庭作业助手　1•5

1. 使用键为形状上色。写下每行上色的形状数量。

键

红色—4条直边　**8**

绿色—3条直边：**8**

蓝色—6条直边：**2**

黄色—0条直边：**3**

我数每条边就知道要制作哪种颜色。我知道黄色将是一个圆形,因为圆形没有直边!

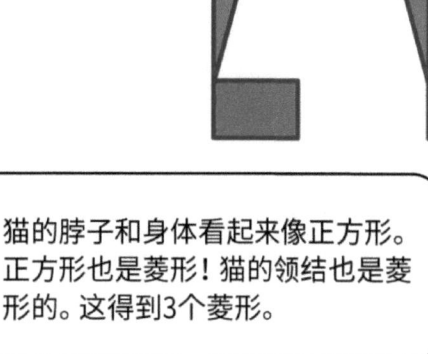

三角形有 **3** 条直边和3个角。

我上色 **8** 个三角形。

六角形有 **6** 条直边和 6 个角。

我上色 **2** 个六边形。

圆圈有 **0** 条直边和 0 个角。

我上色 **3** 个圆。

菱形有 **4** 条长度相等的直边和 4 个角。

我上色 **3** 个菱形。

猫的脖子和身体看起来像正方形。正方形也是菱形!猫的领结也是菱形的。这得到3个菱形。

第二课：　根据定义的边和角的属性,求出并命名包括梯形,菱形和正方形的二维形状作为特殊矩形。

2. 三角形是一个封闭的形状，具有 3 条直边和 3 个角。

   a. 划掉**不是**三角形的形状。

    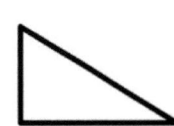  

   b. 说明你的想法：<u>我划掉的形状不是三角形，因为它缺少一个开放形状，并且没有 3 条边。</u>

姓名 _____   日期 _____

1. 使用键为形状上色。写下每行上色的形状数量。

键

红色 3条直边：_____

蓝色 4条直边：_____

绿色 6条直边：_____

黄色 0条直边：_____

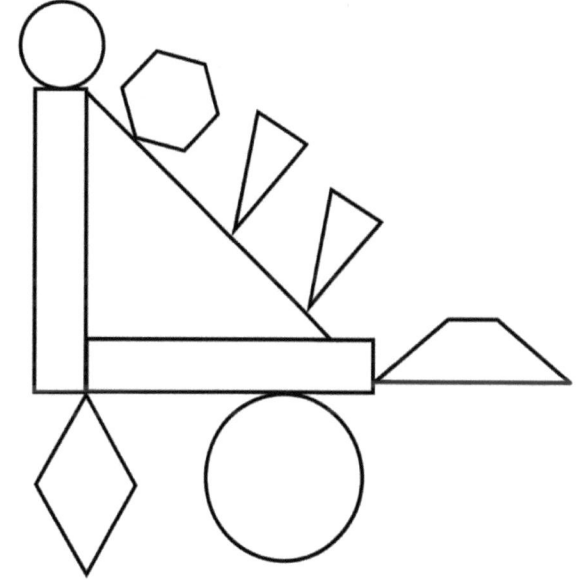

2.
   a. 一个**三角形**有 ____ 条直边和 ____ 个角。

   b. 我上色了 ____ 个三角形。

3.
   a. 一个**六边形**有 ____ 条直边和 ____ 个角。

   b. 我上色了 ____ 个六边形。

4
   a. 一个**圈**有 ____ 条直边和 ____ 个角。

   b. 我上色了 ____ 个圆。

5.
   a. 一个**菱形**有 ____ 条长度相等的直边和 ____ 个角。

   b. 我上色了 ____ 个菱形。

6. 一个**矩形**是具有4条直边和4个直角的封闭形状。

   a. 划掉不是矩形的形状。

   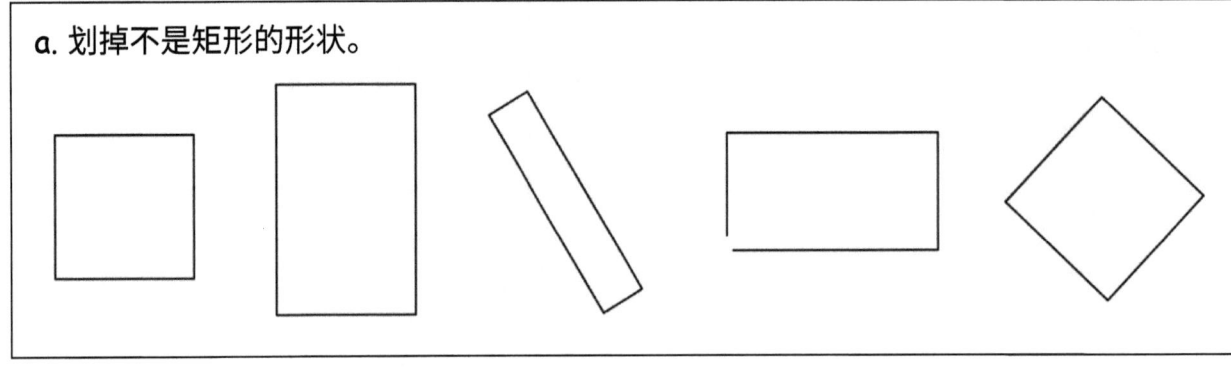

   b. 说明你的想法：_____

   _____

7. 一个**菱形**是具有相同长度的4条直边的闭合形状。

   a. 划掉不是菱形的形状。

   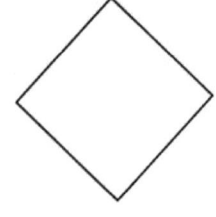  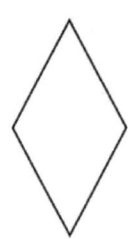 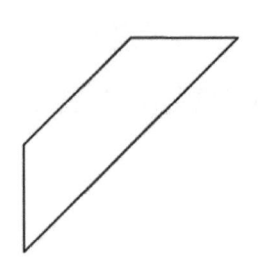

   b. 说明你的想法：_____

   _____

1. 继续探宝寻找 3 维形状。查找适合下表的对象。

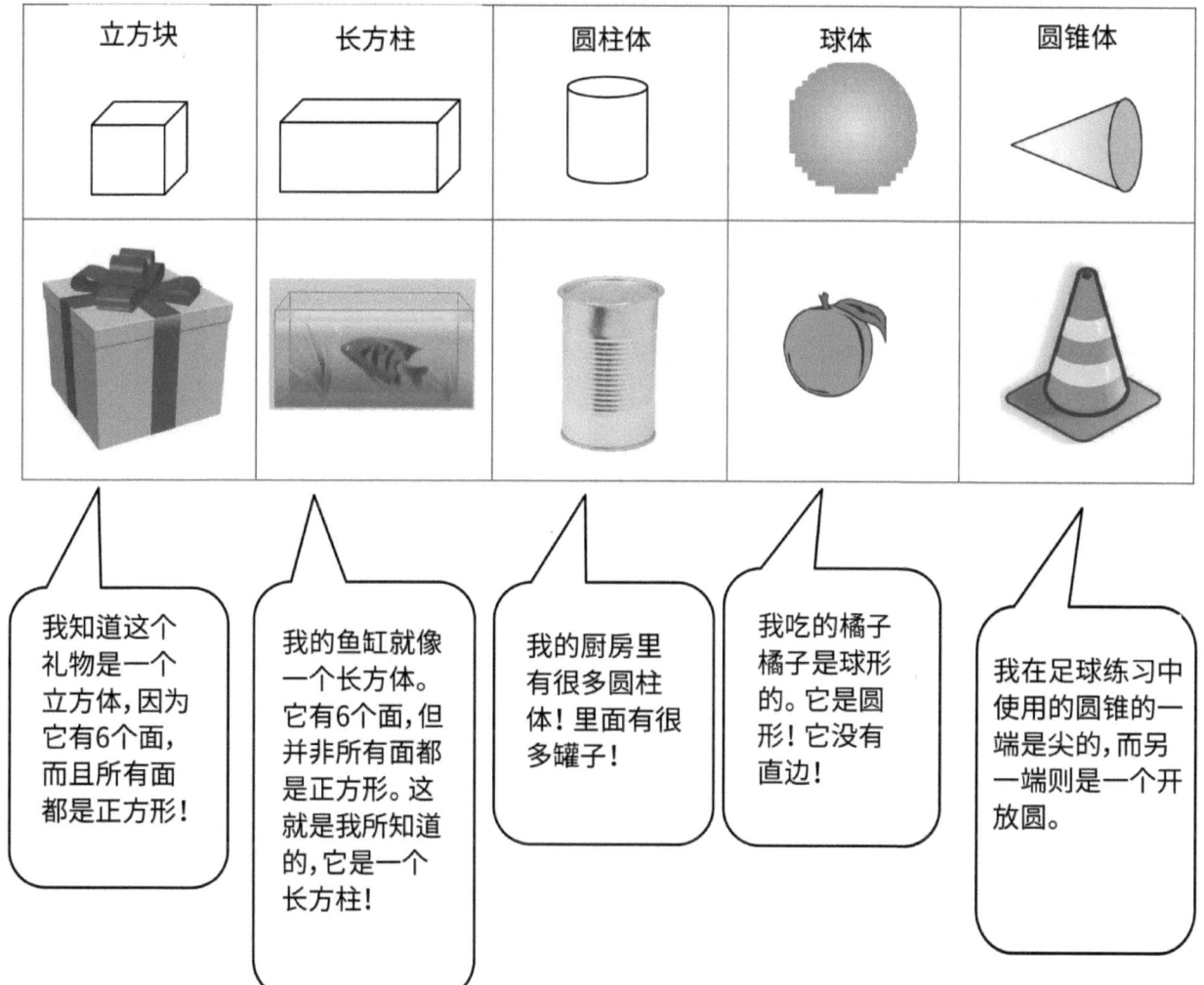

单位的故事　　　　　　　　　　　　　　　　　　　　　　　　第三课家庭作业　1•5

姓名 _____　　　日期 _____

1. 继续探宝寻找3维形状。在家里寻找适合下表的对象。尝试为每个形状至少找到四个对象。

立方块	长方柱	圆柱体	球体	圆锥体

第三课：　　根据定义的面和点的属性，求出并命名三维形状，包括圆锥和长方柱。

单位的故事

第三课家庭作业 1•5

2. 从每一列中选择一个对象。说明你如何知道该对象属于该列。如果需要,请使用词库。

词库

| 面 | 圈出 | 正方形 | 滚动 | 六 |
| 边 | 矩形 | 点 | 平面 | |

a. 我把 _____ 放入立方块列中,因为 _____.

b. 我把 _____ 放入圆柱列中,因为 _____.

c. 我把 _____ 放入球形列中,因为 _____.

d. 我把 _____ 放入圆锥列中,因为 _____.

e. 我把 _____ 放入长方柱列中,因为 _____.

第三课: 根据定义的面和点的属性,求出并命名三维形状,包括圆锥和长方柱。

1. 从页面底部裁剪图案块形状。为它们上色以匹配键，即与课堂上的图案块颜色不同。勾画或绘制以显示所做的形状。

| 六角形—紫色 | 三角形—橙色 | 菱形—粉色 | 梯形—棕色 |

使用3个菱形制作一个六角形。

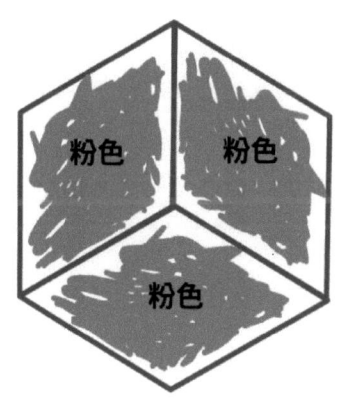

使用1个梯形，1个菱形和1个三角形来制作1个六角形。

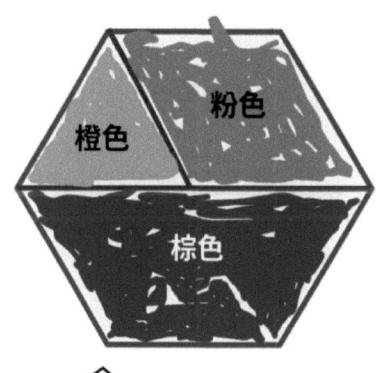

通过将较小的形状放在一起，可以制成较大的形状或复合形状！

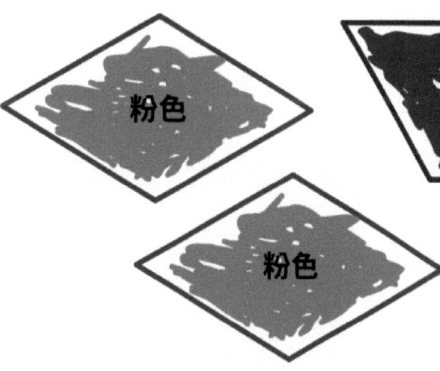

第四课： 从二维形状创建复合形状。

2. 你在这个正方形中看到多少个较小的正方形？

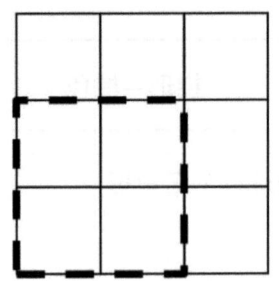

在这个大正方形中，我能找到 __13__ 个正方形。

> 我知道每个小方块都算作1，所以等于9。还有由4个小方块组成的4个中号方块，因此总共为13个。

姓名 _____   日期 _____

从页面底部裁剪图案块形状。为它们着色以匹配键，即与课堂上的图案块颜色不同。勾画或绘制以显示所做的形状。

六角形—红色　　三角形—蓝色　　菱形—黄色　　梯形—绿色

1. 使用3个三角形制作1个梯形。	2. 使用3个三角形制作1个梯形，然后添加1个梯形制作1个六角形。

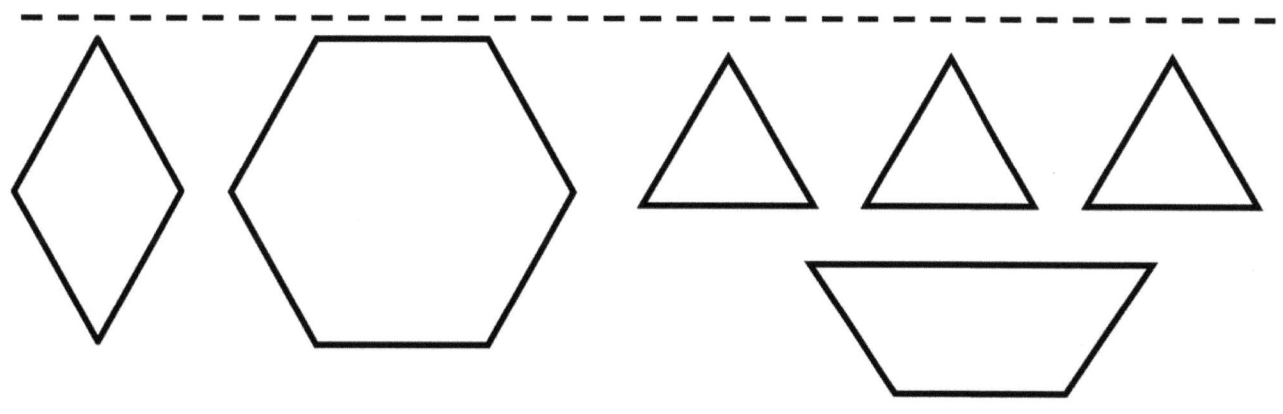

第四课：　　从二维形状创建复合形状。

3. 你在这个大正方形上看到多少个正方形?

在这个矩形中，我能找到 _____ 正方形。

使用七巧板块来完成以下习题。

绘制或勾画以显示用于制作形状的部分。

1. 用 2 个三角形组成一个正方形。

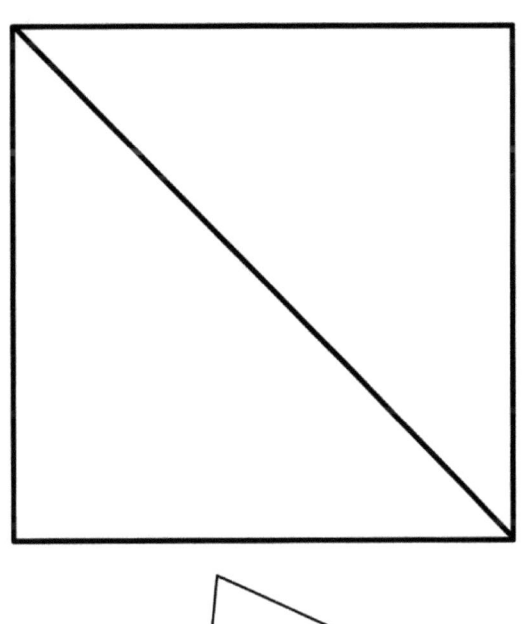

> 就像在课堂上一样，我可以用两个三角形构成一个正方形！我知道，如果我以对角线对折正方形，则将形成两个三角形，因此我将三角形与接触的长边加在一起就构成一个正方形

第五课： 由复合形状组成一个新形状。

2. 使用你制作的正方形和三角形制作房屋。

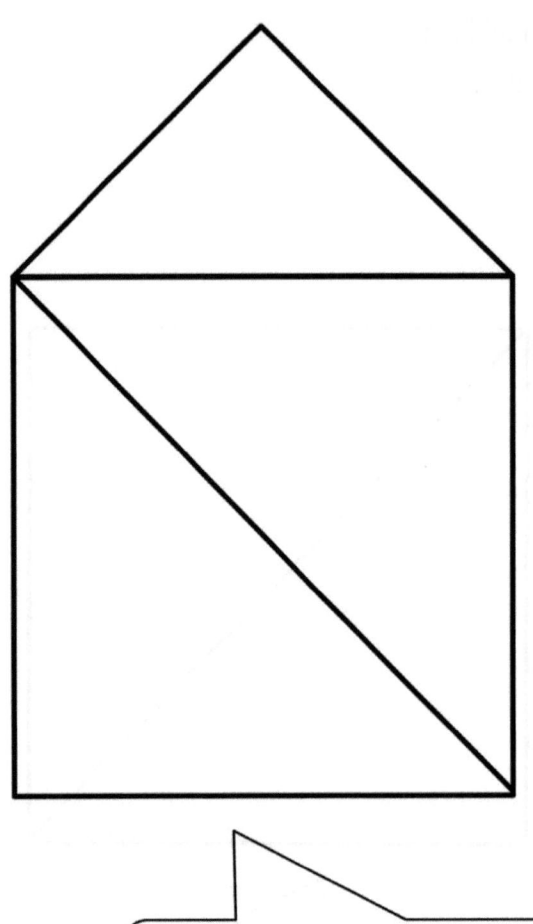

我可以相加我的正方形组成一座房子。我将从七巧板块中取出一个小三角形,然后将其放在顶部以做成屋顶!

第五课: 由复合形状组成一个新形状。

姓名 _____   日期 _____

1. 从提供的另一张纸上裁剪所有七巧板块。

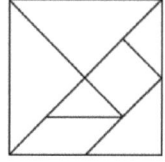

2. 告诉家人每个形状的名称。

3. 按照说明制作以下每个形状。绘制或勾画以显示用于制作形状的部分。

   a. 用2块七巧板制作1个三角形。

   b. 使用1个正方形和1个三角形来制作1个梯形。

   c. 再用一块将梯形变为矩形。

4. 用你所有的七巧板块制作一个动物。绘制或勾画以显示你使用的七巧板块。用动物的名字标记你的绘图。

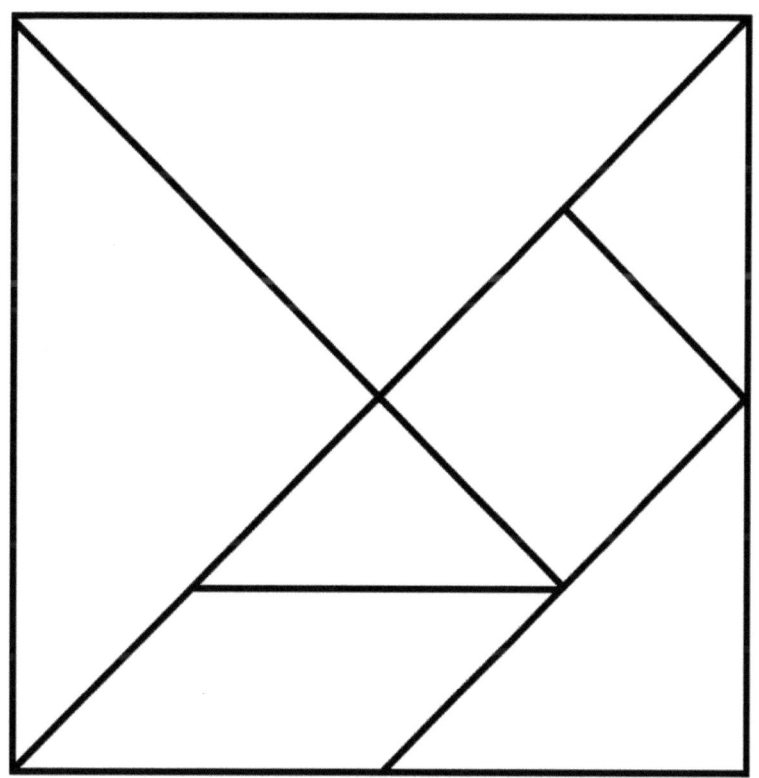

七巧板

第五课： 由复合形状组成一个新形状。

用一些 3 维形状以构成结构。请家里的人为你的建筑物拍照。

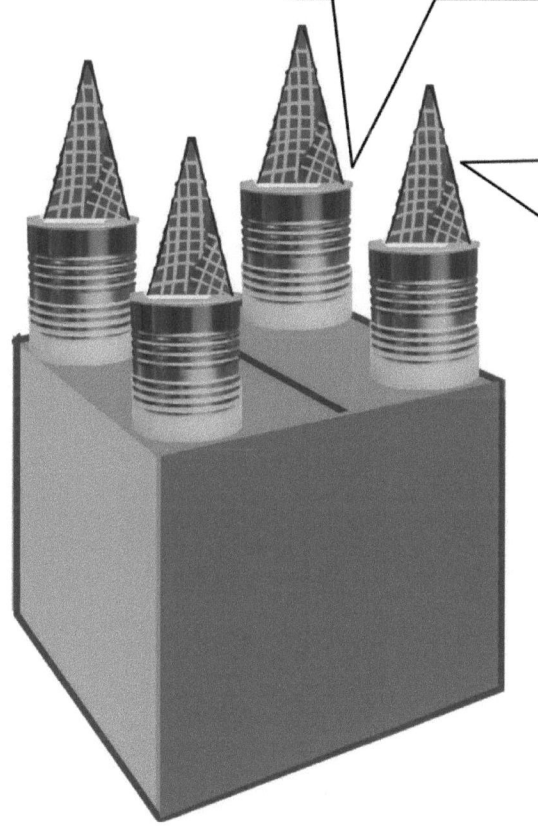

单位的故事　　　　　　　　　　　　　　　　　　　　　　第六课家庭作业　1•5

姓名 _____　　日期 _____

使用一些3维形状来制作另外一个结构。下图为你提供了一些可以在家中找到的对象的想法。你可以使用图表中的对象或家里可能有的其他物品。

立方块 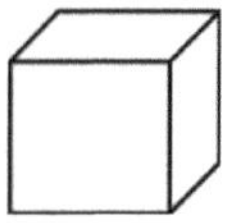	长方柱 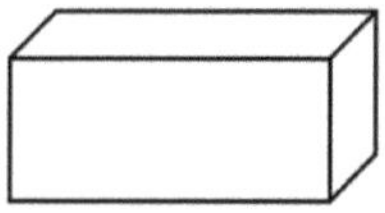	圆柱体 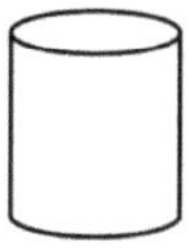	球体	圆锥体 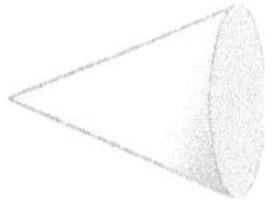
块	食品盒： 谷类，通心粉和起司，意大利面，混合蛋糕，果汁盒	食物罐头： 汤，蔬菜，金枪鱼，花生酱	球： 网球，橡皮筋球，篮球，足球	冰淇淋甜筒
骰子	纸巾盒	卫生纸或纸巾卷	水果： 橙子，葡萄柚，甜瓜，李子，油桃	派对帽
	精装书	胶棒	弹珠	漏斗
	DVD或视频游戏盒			

请家里的人为你的建筑物拍照。如果你无法拍照，尝试在纸的背面勾勒出你的结构，或写下有关如何构建结构的说明。

第六课：　从三维形状创建复合形状，并使用形状名称和位置描述复合形状。

149

1. 形状是否分成了相等的部分？写下Y表示'是'，或N表示'否'，如果形状具有相等的部分，请直线上写出有多少相等的部分。

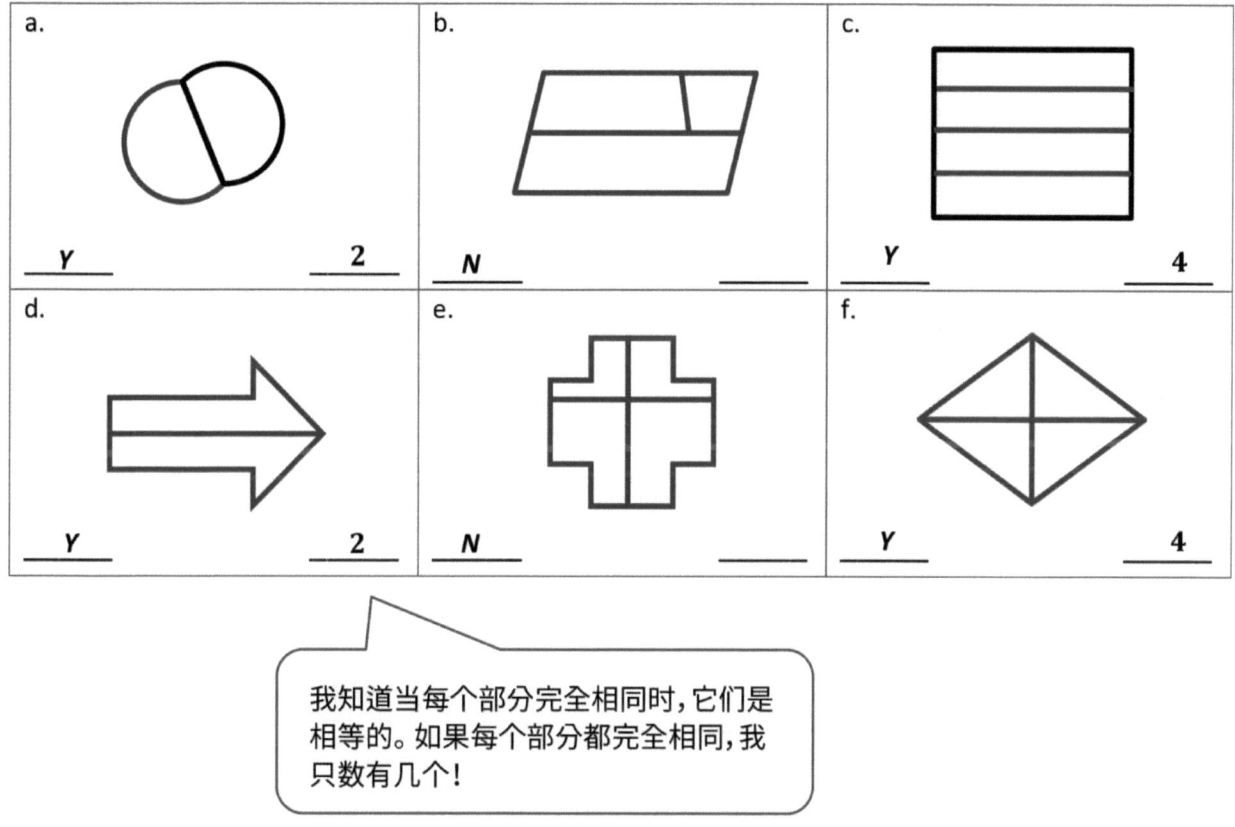

2. 画1条线来制作2个相等的部分。你制作了哪些较小的形状？

我制作2 __**个矩形**__ 。

3. 画 2 条线来制作 4 个相等的部分。你制作了哪些较小的形状？

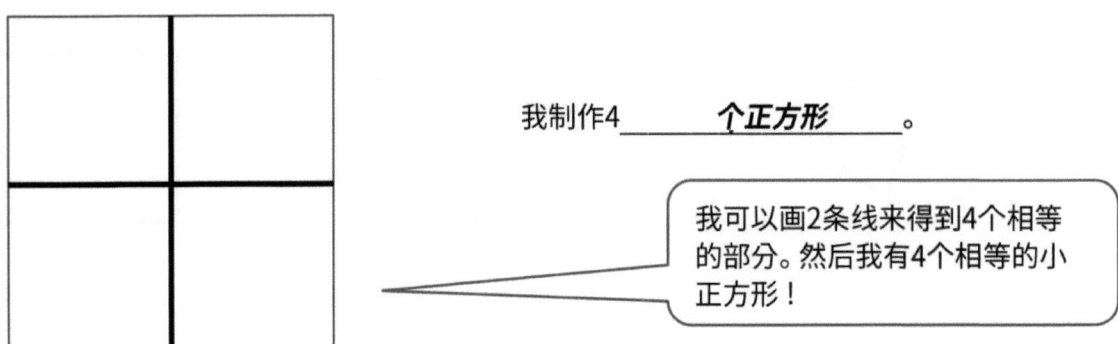

我制作4 __**个正方形**__ 。

我可以画2条线来得到4个相等的部分。然后我有4个相等的小正方形！

4. 画多条线来制作 6 个相等的部分。你制作了哪些较小的形状？

我做了6 __**个矩形**__ 。

单位的故事　　　　　　　　　　　　　　　　　　　　　　　第七课 家庭作业　1•5

姓名 _____　　　日期 _____

1. 形状是否分成了相等的部分？写下 Y 表示'是'，或 N 表示'否'，如果形状具有相等的部分，请在直线上写出有多少相等的部分。第一个已经为你完成。

a. O　Y　2	b. M	c. Y
d.	e.	f.
g.	h.	i.
j.	k.	l.
m.	n.	o.

第七课：命名形状并将其作为整体的部分进行计数，以识别部分的相对大小。

2. 画1条线来制作2个相等的部分。你制作了哪些较小的形状?

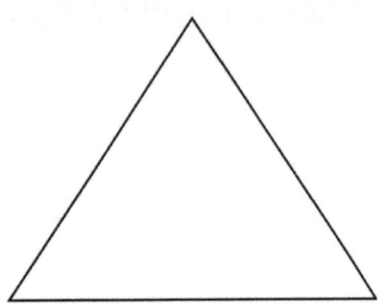

我做了2个 _____。

3. 画2条线来制作4个相等的部分。你制作了哪些较小的形状?

我做了4个 _____。

4. 画多条线来制作6个相等的部分。你制作了哪些较小的形状?

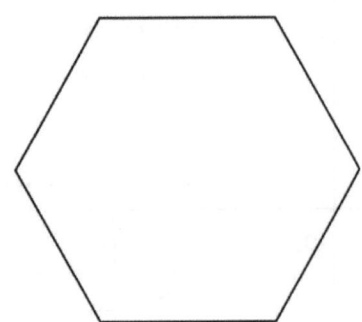

我做了6个 _____。

1. 圈出正确的文字以告诉你每种形状的划分方式。

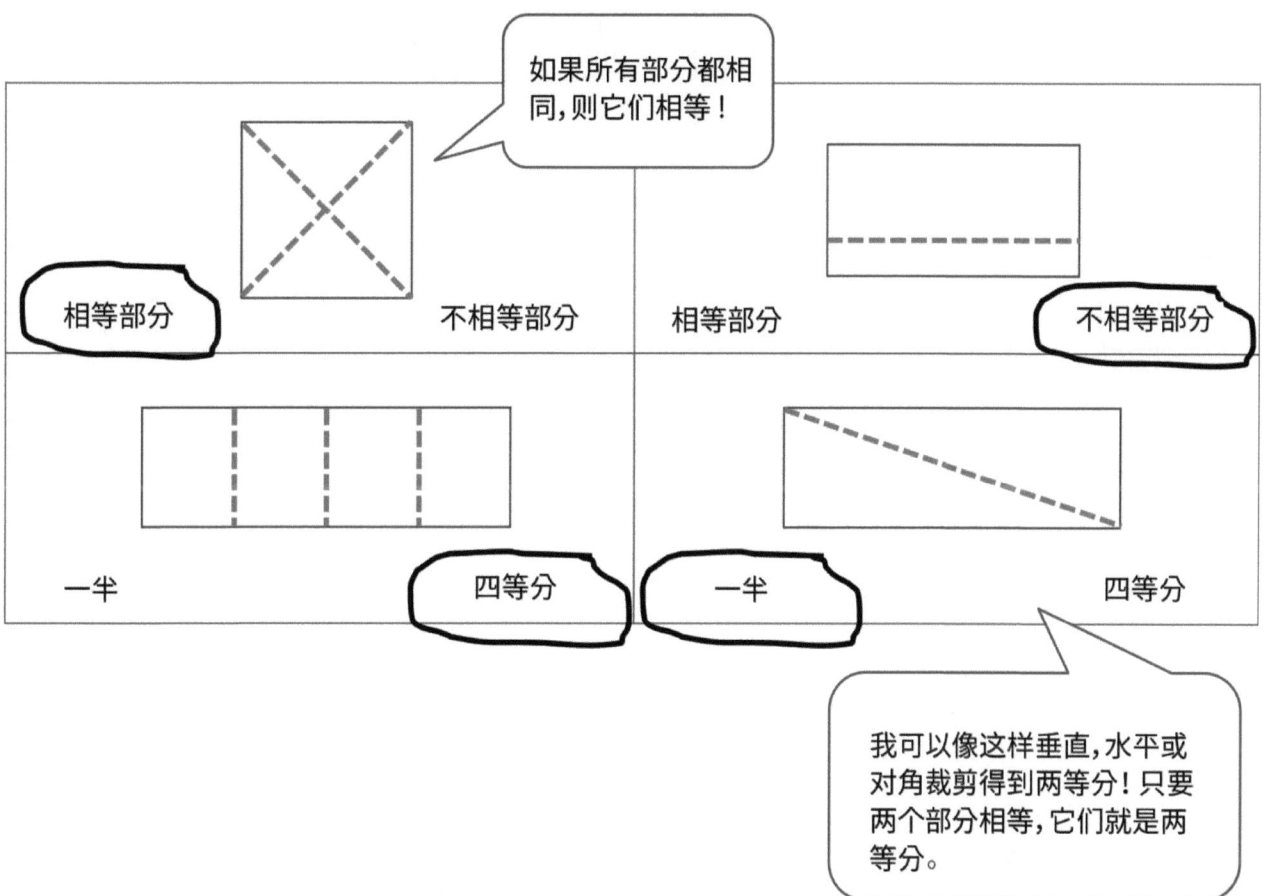

2. 形状的哪一部分被着色? 圈出正确的答案。

a.
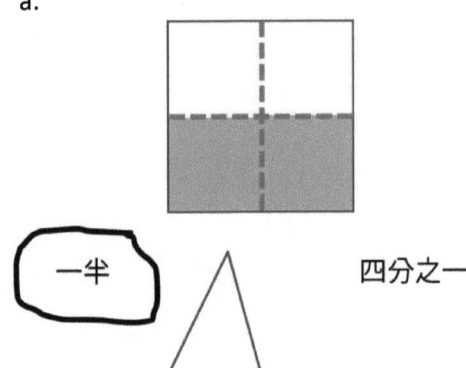
一半　　　　　　四分之一

b.
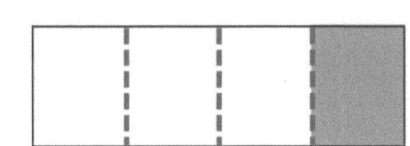
一半　　　　　　四分之一

即使此形状有4个相等的部分, 也有2个被着色。我可以看到一半的形状是阴影。

3. 给每个形状的1个四分之一上色。

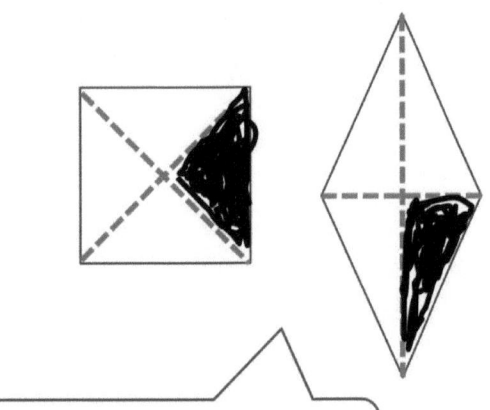

要给四分之一上色, 我只需给四个相等部分中的一个上色!

4. 给每个形状的一半上色。

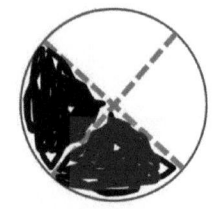

要上色一半, 我只需上色2个相等部分中的1个!

要给此形状的一半上色, 我需要为4个相等部分中的2个上色。

姓名 _____   日期 _____

1. 圈出正确的文字以告诉你每种形状的划分方式。

a. 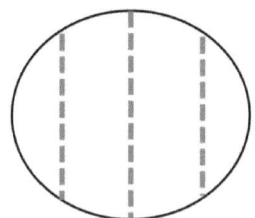 相等部分　　　　　不相等部分	b. 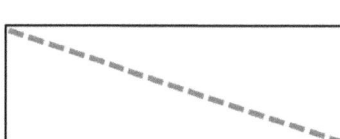 相等部分　　　　　不相等部分
c. 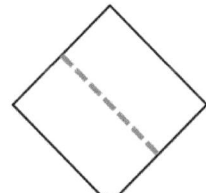 一半　　　　　四分之一	d. 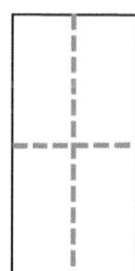 一半　　　　　四等分
e. 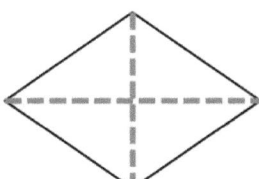 一半　　　　　四等分	f. 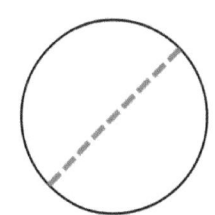 四分之一　　　　　一半
g.  四等分　　　　　一半	h. 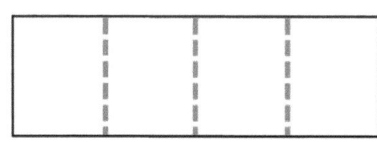 一半　　　　　四分之一

第八课： 划分形状并标识圆形和矩形的两等份和四等份。

2. 形状的哪一部分被着色？圈出正确的答案。

a.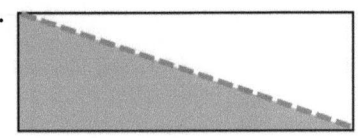

一半　　　　　四分之一

b.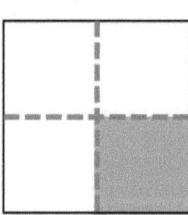

一半　　　　　四分之一

c.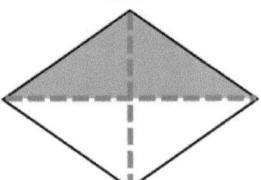

一半　　　　　四分之一

d.

一半　　　　　四分之一

3. 给每个形状的1个四分之一上色。

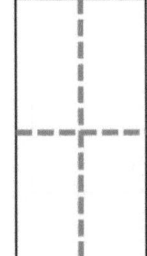 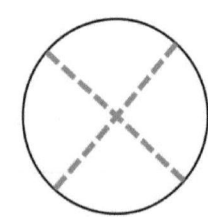

4. 给每个形状的一半上色。

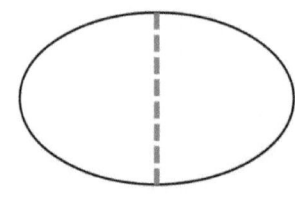 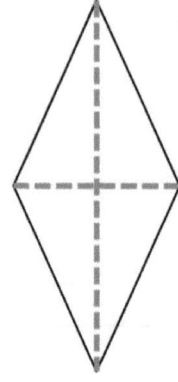

1. 将每张图片的阴影部分标记为形状的一半或四分之一。

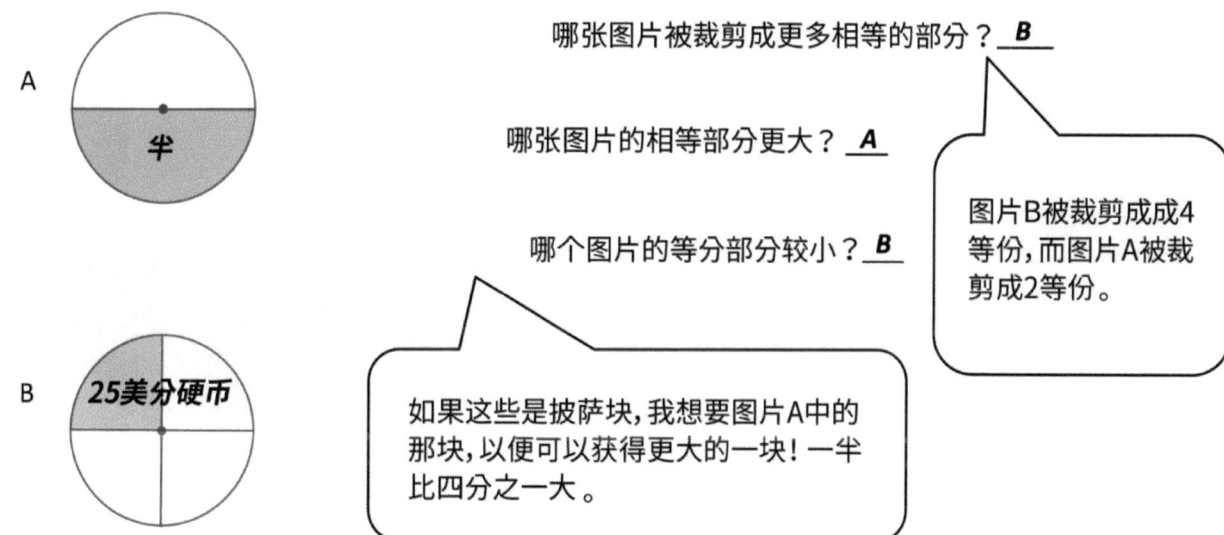

2. 写下每个形状的阴影部分是一半还是四分之一。

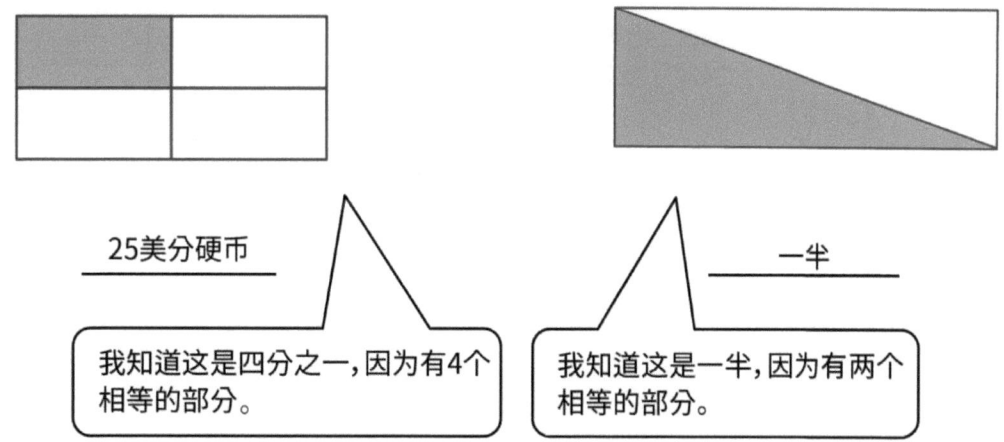

3. 给形状的一部分上色以匹配标记。圈出使陈述正确的短语。

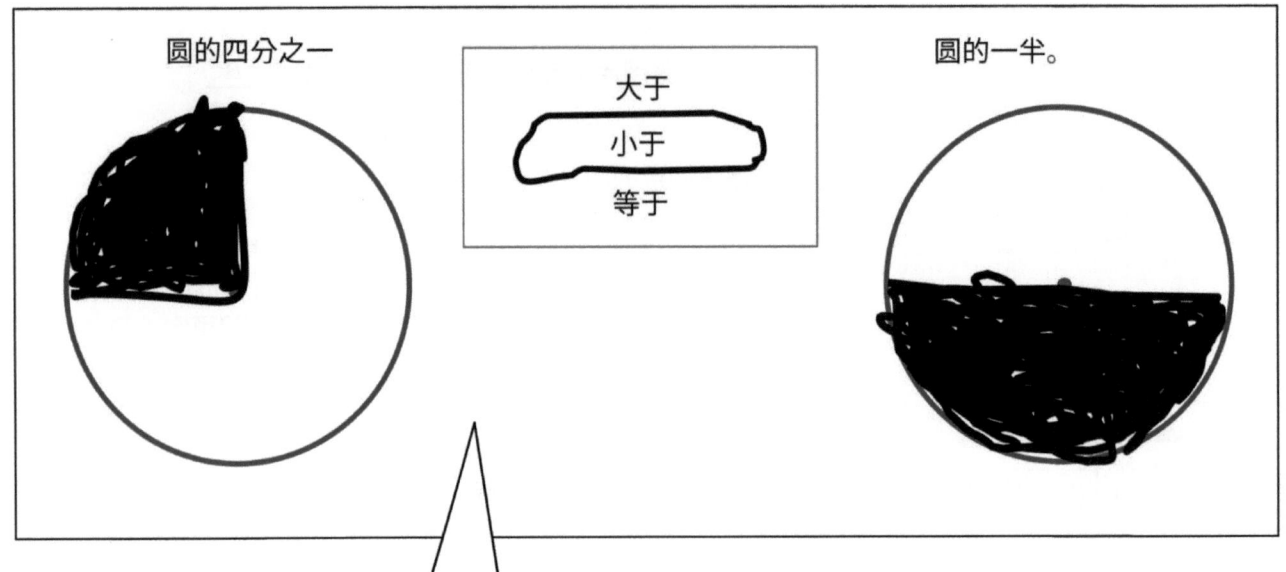

四分之一小于一半。如果将形状切成四等分，则将其切成4个相等的部分。如果将形状切成两等分，则只能得到2个相等的部分。相等的部分越多，部分的尺寸就越小。

姓名 _____ 日期 _____

1. 将每张图片的阴影部分标记为形状的一半或四分之一。

   哪张图片被裁剪成更多相等的部分? ____

   哪张图片的相等部分更大? ____

   哪个图片的相等部分较小? ____

2. 写下每个形状的阴影部分是一半还是四分之一。

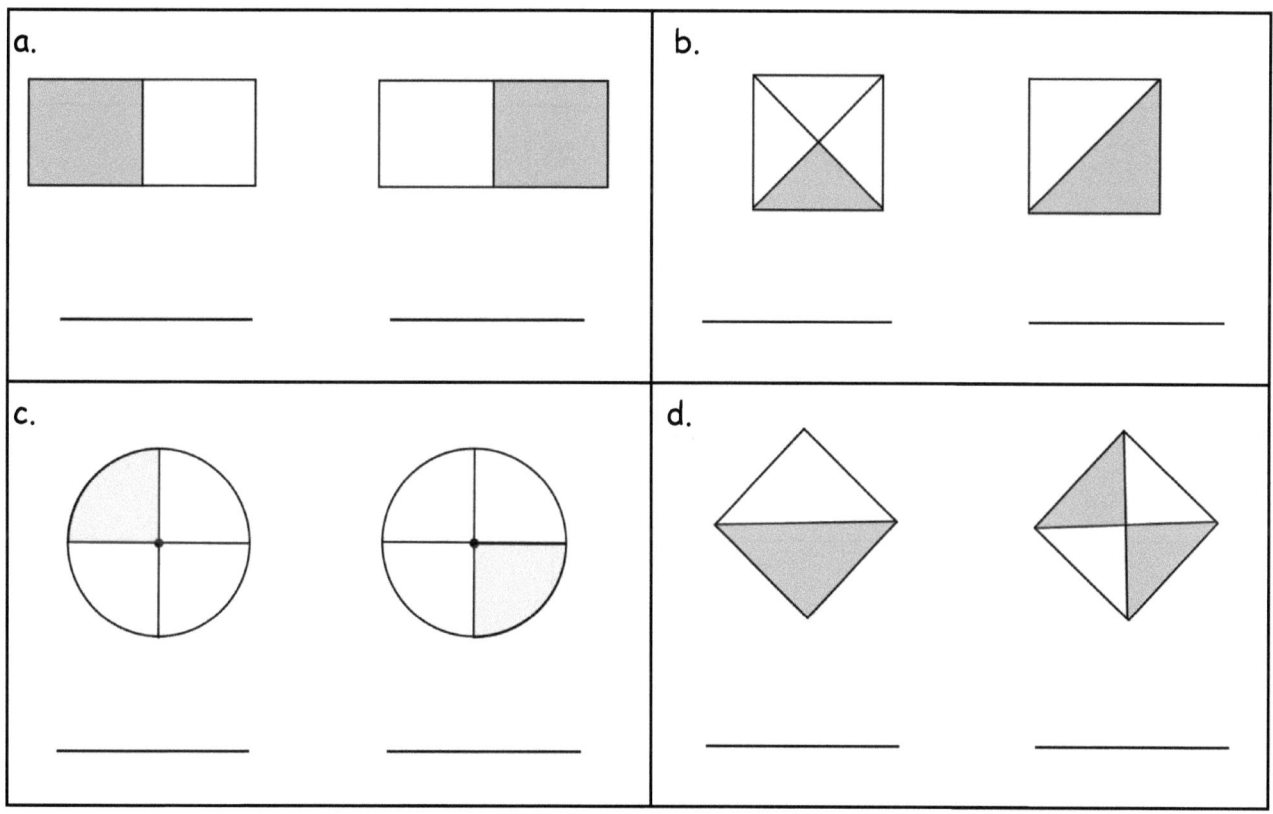

3. 给形状的一部分上色以匹配标记。圈出使陈述正确的短语。

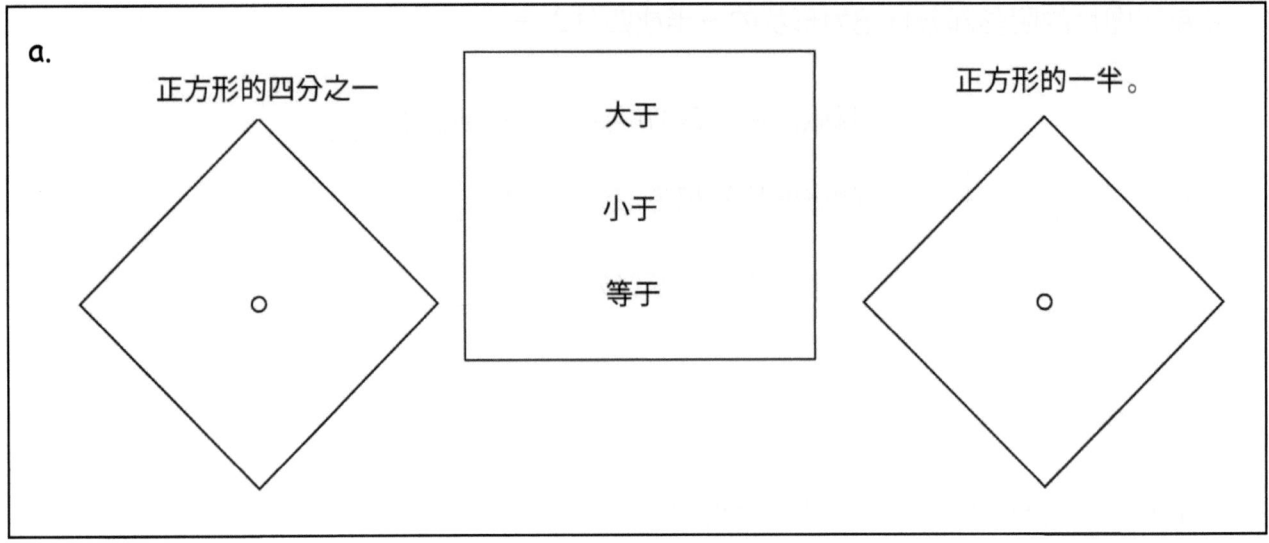

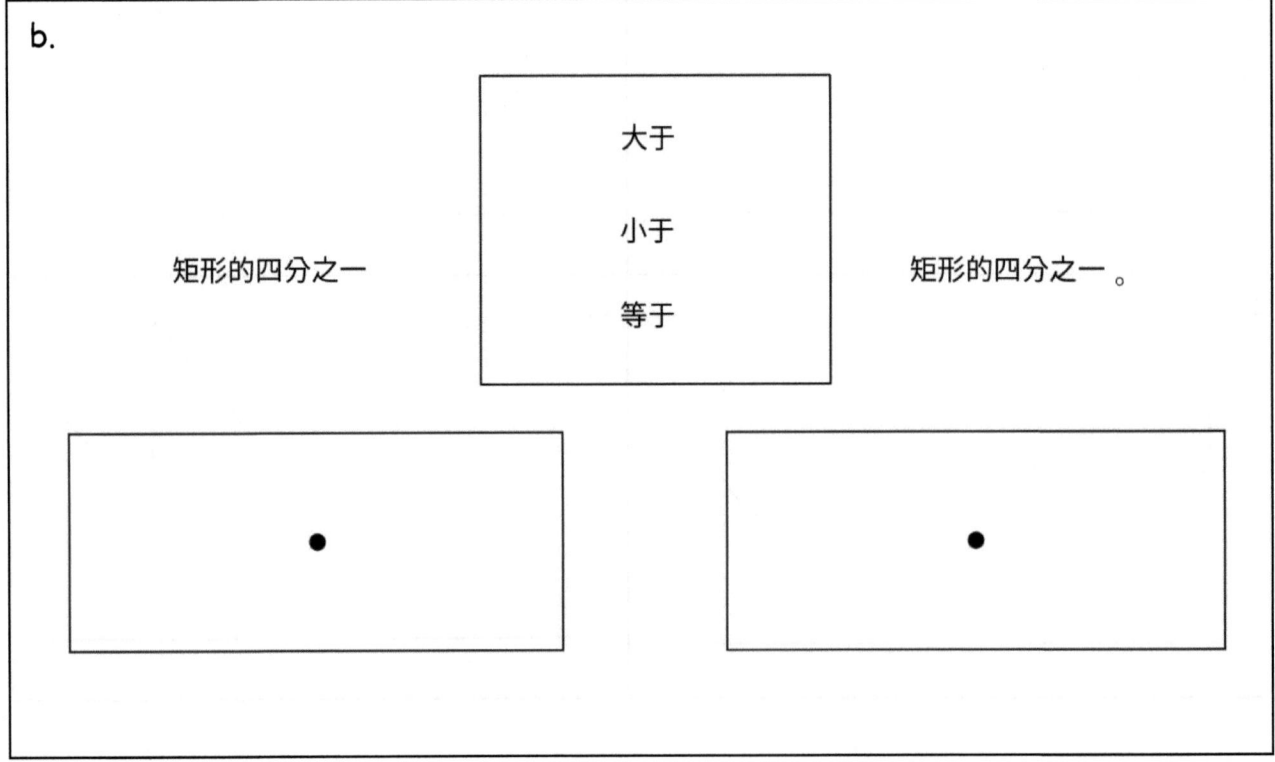

1. 将每个时钟与其显示的时间进行匹配。

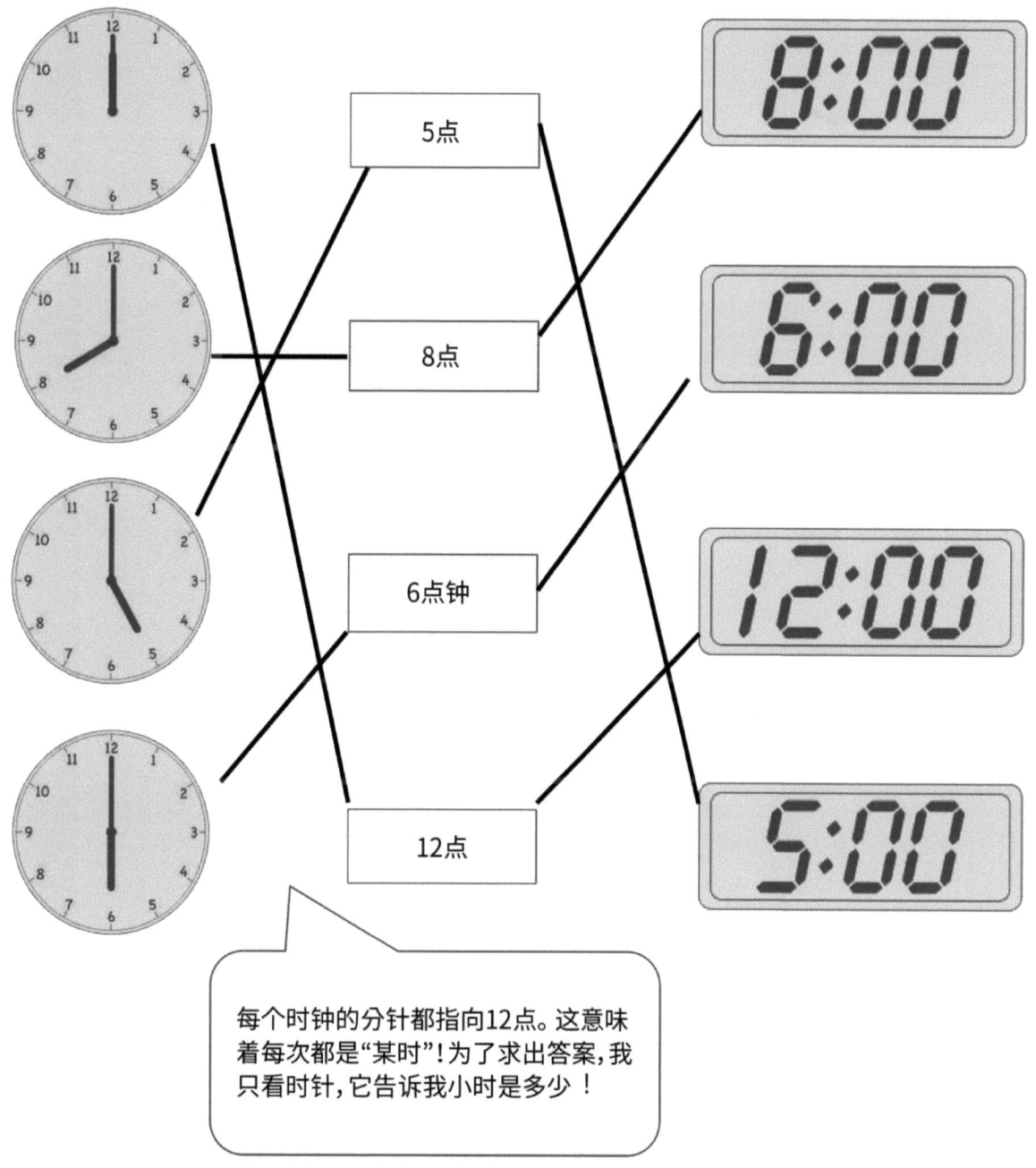

每个时钟的分针都指向12点。这意味着每次都是"某时"！为了求出答案，我只看时针，它告诉我小时是多少！

2. 将时针放在时钟上,使时钟与时间一致。然后,在直线上写下时间。

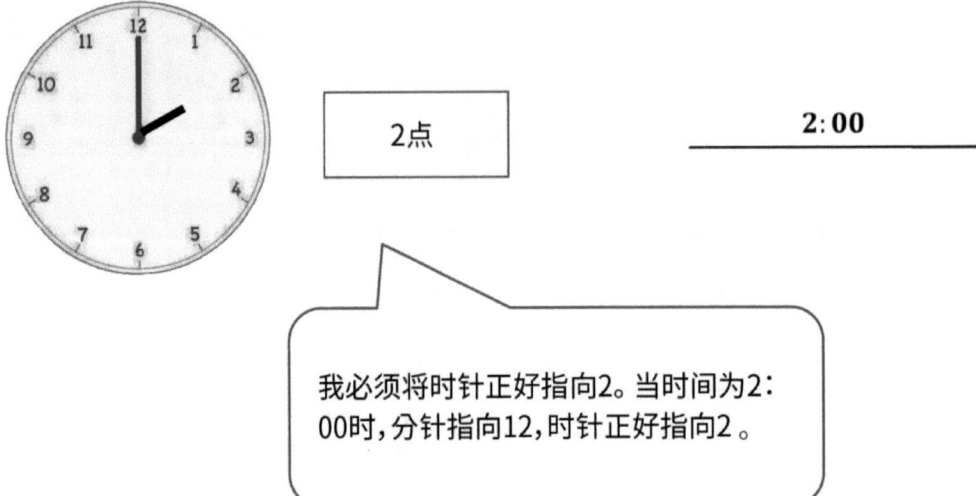

2点

2:00

我必须将时针正好指向2。当时间为2:00时,分针指向12,时针正好指向2。

单位的故事　　　　　　　　　　　　　　　　　　　　第十课家庭作业　1•5

姓名 _____　　　日期 _____

1. 将每个时钟与其显示的时间进行匹配。

   a.

   b. 　　　4点

   c. 　　　7点

   d. 　　　11点

   e. 　　　10点

   　　　3点

   　　　2点

   f.

第十课：　通过划分一个圆来构造一个纸时钟，并告诉小时时间。

2. 将时针放在时钟上,使时钟与时间一致。然后,在直线上写下时间。

a.  6点钟   6:00

b.  9点   _____

c.  12点   _____

d.  7点   _____

e.  1点   _____

1. 圈出正确的时钟。

    12 点半

a.

b.

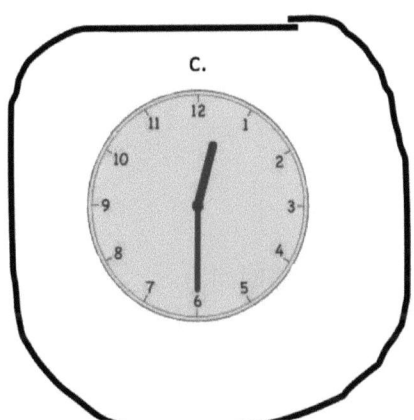
c.

当时间"过去一半"时,分针将始终朝下,在时钟一半的位值,指向钟表的6点。所有这些时钟的分针指向6,所以现在我发现时针刚刚过了12。

时针尚未走到1,所以我知道小时仍然是12。

2. 写下每个时钟上显示的时间，以讲述亨利的星期六。

亨利起床时间为 __8:30__。

他去公园的时间为 __11:30__。

他回到家吃午饭的时间为 __1:30__。

他小睡时间为 __2:30__。

> 我可以通过问自己的答案是否合理来检查自己的解题方法。例如，亨利在8:30吃午餐是没有意义的。

姓名 _____   日期 _____

圈出正确的时钟。

1. 2点半

   a.    b.   c.

2. 10点半

   a.    b. 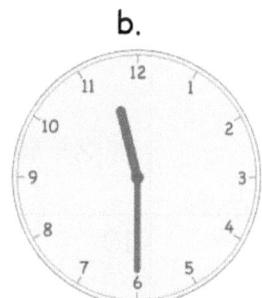   c.

3. 6点钟

   a.    b.    c.

4. 8点半

   a.    b.    c.

第十一课： 识别圆形钟面内的半小时，并告诉半小时的时间。

写下每个时钟上显示的时间，以讲述李的一天。

5.

李醒来时间是 _____。

6.

他乘公共汽车去学校的时间是 _____。

7.

他的数学课时间是 _____。

8.

他吃午餐的时间是 _____。

9.

他进行篮球练习的时间是 _____。

10.

他做功课的时间是 _____。

11.

他吃晚餐的时间是 _____。

12.

他睡觉的时间是 _____。

单位的故事　　　　　　　　　　　　　　　　　　　　　第十二课家庭作业助手　1•5

写下时钟上显示的时间,或画出时钟上缺少的时针(分针)。

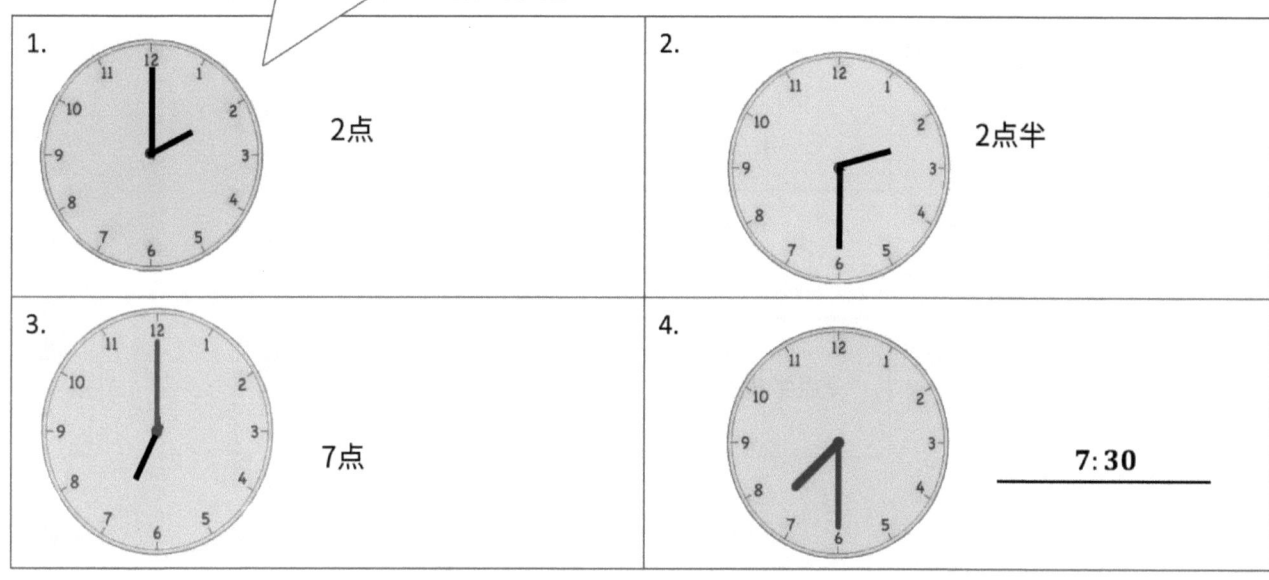

当时间是"整点"时,我画分针指向12。

1. 2点

2. 2点半

3. 7点

4. 7:30

当时间是"过去一半"或30分钟时,我知道分针应是整点的一半,指向6。

第十二课：　识别圆形钟面内的半小时,并告诉半小时的时间。

5. 使图片与时钟匹配。

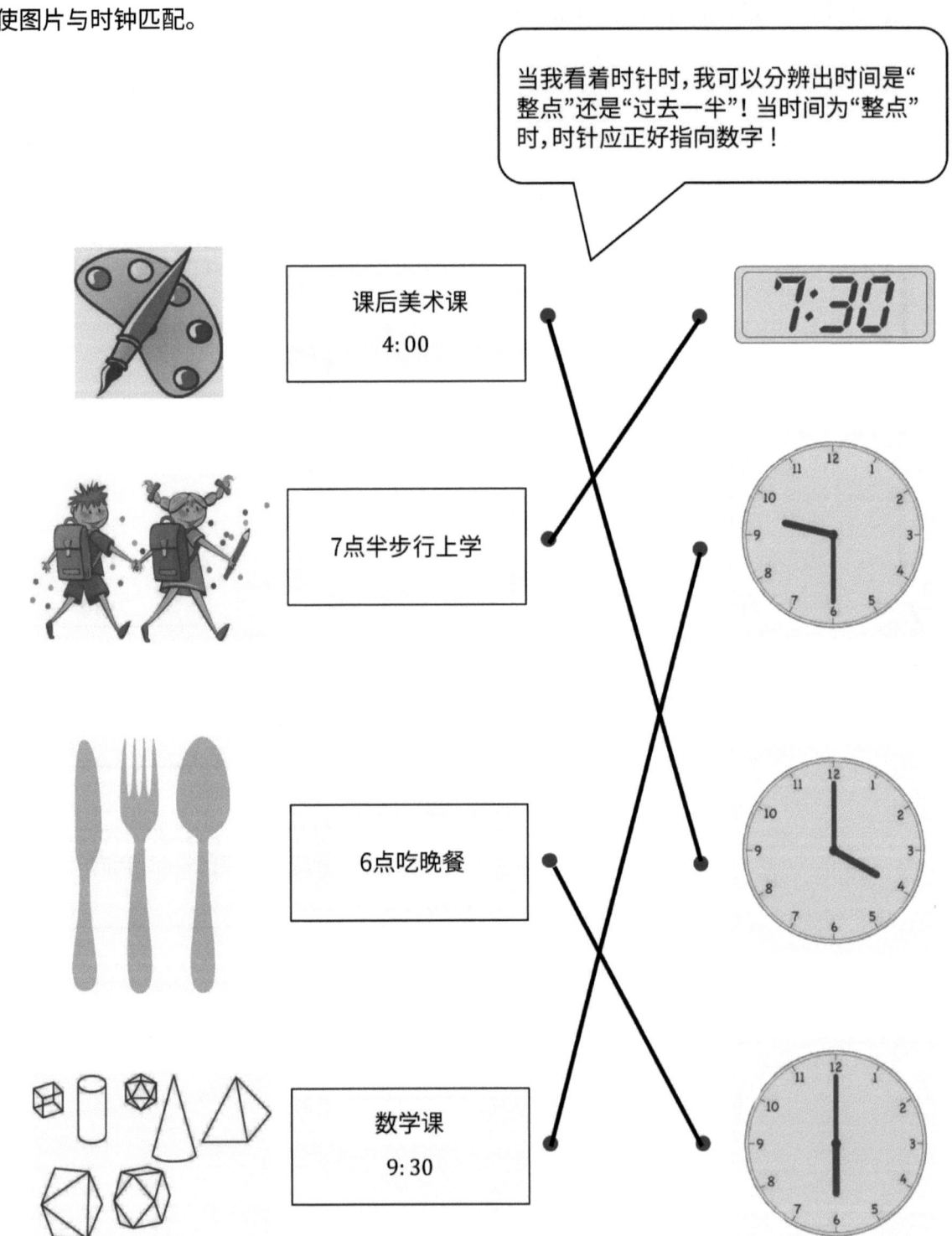

姓名 _____ 日期 _____

写下时钟上显示的时间，或画出时钟上缺少的时针（分针）。

1. 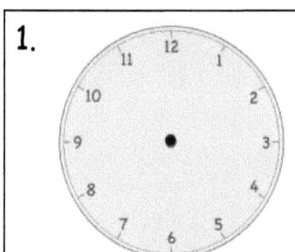	10点	2. 	10点半
3. 	8点	4. 	_____
5. 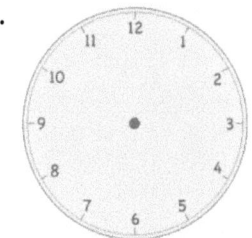	3点	6. 	3点半
7. 	_____	8. 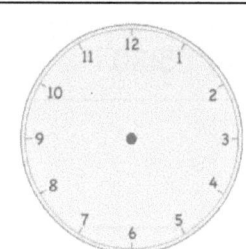	6点半
9. 	9点半	10. 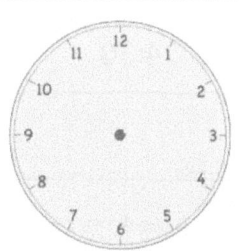	4点

第十二课： 识别圆形钟面内的半小时，并告诉半小时的时间。

11. 使图片与时钟匹配。

a.  足球练习 3:30 •   •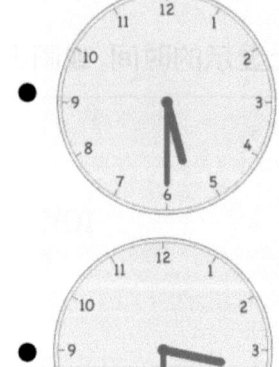

b.  刷牙 7:30 •

c.  洗盘子 6:00 •   •

d.  吃晚餐 5:30 •

e.  坐公交回家 4:30 •   •

f. 6点半做家庭作业 •   •

1. 填空。

A　　　　　　　　B

时钟B显示五点半。

时钟A显示6点半。这很容易,因为它很"容易读取数字时钟。它显示"5:30"。

A　　　　　　　　B

时钟A显示七点钟

两个时钟都显示"整点"时间,但是当我仔细观察时针时,我看到时钟B表示6点,而时钟A表示7点。

第十三课： 识别圆形钟面内的半小时,并告诉半小时的时间。

2. 将时间写在时钟下方的线上。

我还知道,如果时针位于两个数字之间的中间位置,那么它将是某个小时过了一半。

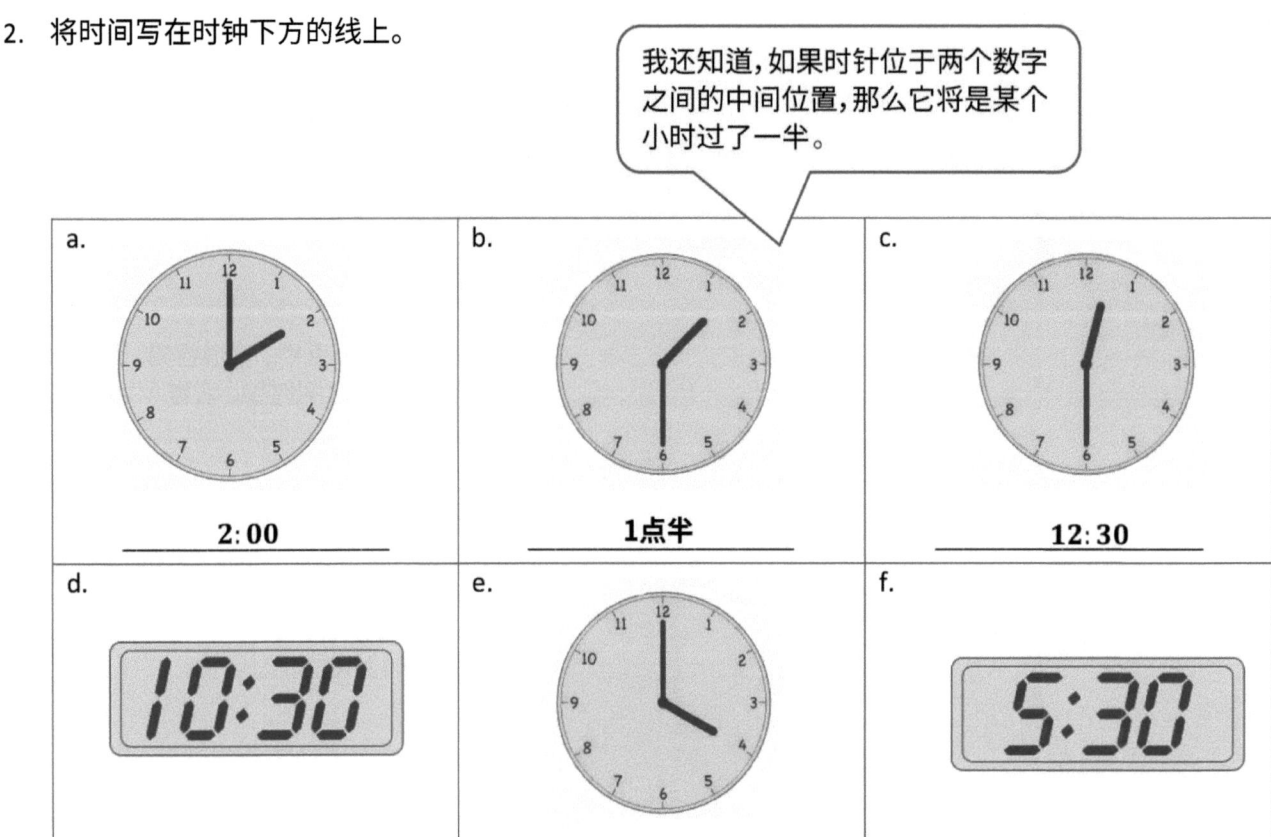

3. 在显示11点的时钟旁边打一个对勾(✓)。

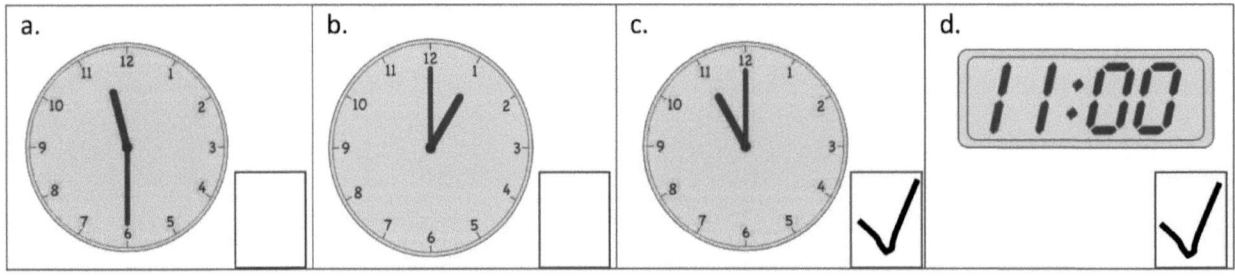

姓名 _____   日期 _____

填空。

1. A（钟面显示3:30） B（数字钟 3:30） 时钟 _____ 显示三点半。

2. A（钟面显示9:00） B（钟面显示12:30） 时钟 _____ 显示十二点半。

3. A（钟面显示11:00） B（钟面显示8:45左右） 时钟 _____ 显示十一点钟。

4. A（钟面显示8:30） B（数字钟 9:00） 时钟 _____ 显示8:30。

5. A（钟面显示3:30） B（钟面显示5:00） 时钟 _____ 显示5:00。

第十三课： 识别圆形钟面内的半小时，并告诉半小时的时间。

6. 将时间写在时钟下方的线上。

a.	b.	c.
d. 7:30	e.	f.
g.	h. 11:00	i.

7. 在显示4点的时钟的旁边打一个对勾(✓)。

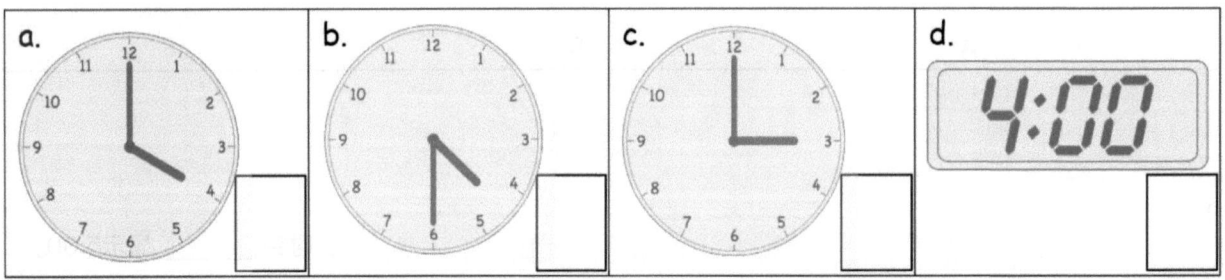

1年级
模块6

单位的故事

第一课家庭作业助手 1•6

诺亚吃了7颗软心豆粒糖。他的姐姐夏洛特吃了15颗软心豆粒糖。夏洛特吃的果冻豆比诺亚多多少？

> 我可以首先绘制并标记一个带形图，以表示诺亚吃的7颗软心豆糖。我可以用字母N标记带形图。

N | 7

C | 7 | ?

└──── 15 ────┘

> 接下来，我可以在正下方绘制并标记第二个带状图，代表夏洛特吃了的15颗软糖的数量，并用字母C标记。我可以看到夏洛特的带形比诺亚的带形长，因为她吃了更多的软心豆糖。这样绘制和标记双带形图有助于我轻松比较数字。

> 诺亚的带形代表7，所以夏洛特的带形也是7。

> 夏洛特带形的这一部分代表她吃了多少豆形软糖。我可以在这部分写一个问号来表示未知数。

$15 - 7 = 8$

> 现在，我可以写一个数字算式以求出未知数。有很多求出未知数的策略。我可以从7开始计数得到15。我可以认为这个题是 7 + ? = 15 得到8。但是，在这种情况下，我选择使用减法，因为它是最有效的。

夏洛特比诺亚多吃了 8 颗软糖。

> 最后，我需要写出与我的故事相符的陈述。这将帮助我检查我的答案并确保它有意义。

第一课： 求解不同未知数习题类型的比较。

姓名 _____ 日期 _____

阅读文字题。

画绘画带形图或双带形图并标记。

写一个算式和一个陈述以匹配故事。

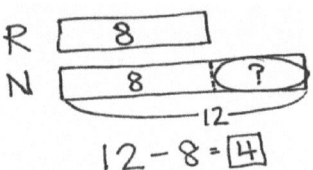

1. 弗兰把她的11本旧书捐赠给了图书馆。达内尔将他的8本旧书捐赠给了图书馆。弗兰捐赠的书多于达纳尔多少？

2. 在课间休息期间，有7名学生正在读书。有17名学生在操场上玩耍。读书的学生比在操场上玩的学生少多少？

3. 玛丽亚18岁。她的兄弟尼基12岁。玛丽亚比她的兄弟尼基大几岁？

4. 三月下雨了15天。4月下雨了19天。4月下雨的天数比3月多多少？

1. 格蕾丝用12块积木搭建了一座塔。马特比格蕾丝多使用了4块积木。马特使用了多少积木?

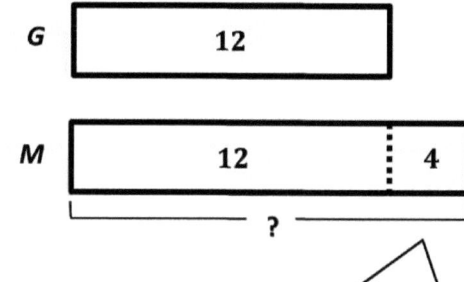

我可以画一个双带形图来表示这个故事。首先,我可以绘制一个带形图,表示格蕾丝用来建造塔楼的积木块数12,并用字母G标记她的带形。然后,我可以绘制第二个带形图,表示马特用来建造塔的积木块数,并用字母M标记。由于我尚不知道马特为他的塔楼使用了多少块积木,我可以从绘制和标记与格蕾丝一样大小的带形开始。

故事说:"马特比格蕾丝多使用了4块积木。"因此,我需要在马特旁边画带形的另一部分,以表明他比格蕾丝多使用了4块积木。未知数是马特使用积木的总数。我可以用问号标记它。

为了检查我是否已绘制并标记了所有已知和未知信息,我可以再次阅读故事的每个部分。在阅读时,我可以触摸双带形图中与我说的内容相对应的部分。

$12 + 4 = \boxed{16}$

现在,我可以写一个数字算式以帮助我求出积木的总数,并答题。

马特用了 16 块积木

第二课: 求解较大或较小未知数习题类型的比较。

2. 苏珊发现的贝壳比约翰少了9个。约翰发现了13个贝壳。苏珊发现了几个贝壳？

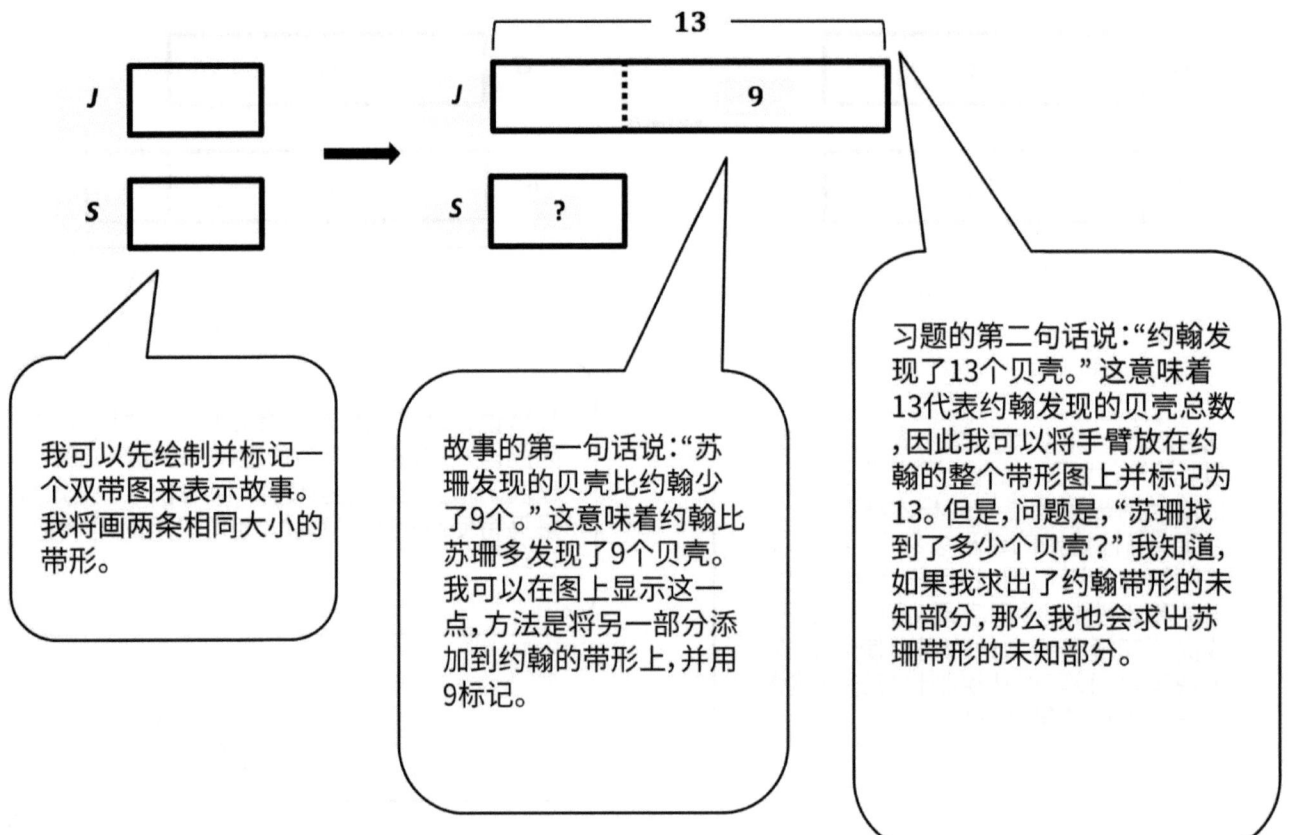

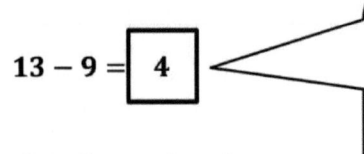

苏珊发现 4 个贝壳。

单位的故事

第二课家庭作业 1•6

姓名 _____ 日期 _____

阅读文字题。
d绘画带形图或双带形图并标记。
写一个算式和一个陈述以匹配故事。

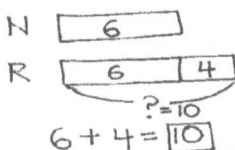

1. 金今年夏天参加了15场棒球比赛。朱利奥参加了10场棒球比赛。
   金比朱利奥参加的比赛多多少？

2. 凯安娜在农场摘了14颗草莓。塔姆拉采摘的草莓比凯安娜少5颗。塔姆拉摘了多少草莓？

3. 威利在动物园看到了7只爬行动物。艾米在动物园看到的爬行动物比威利多了4个。
   艾米在动物园看到了多少只爬行动物？

第二课： 求解较大或较小未知数习题类型的比较。

4. 彼得跳入游泳池的次数比达纳尔多6次。达内尔跳了9次。彼得跳进游泳池几次？

5. 罗斯在海滩上发现了16个贝壳。李发现的贝壳比罗斯少6个。李在海滩上发现了多少个贝壳？

6. 莎妮卡在邮件中收到了12张卡片。尼基比莎妮卡多获得5张卡片。尼基得到了多少张卡？

1. 写出十位数和个位数。完成陈述句。

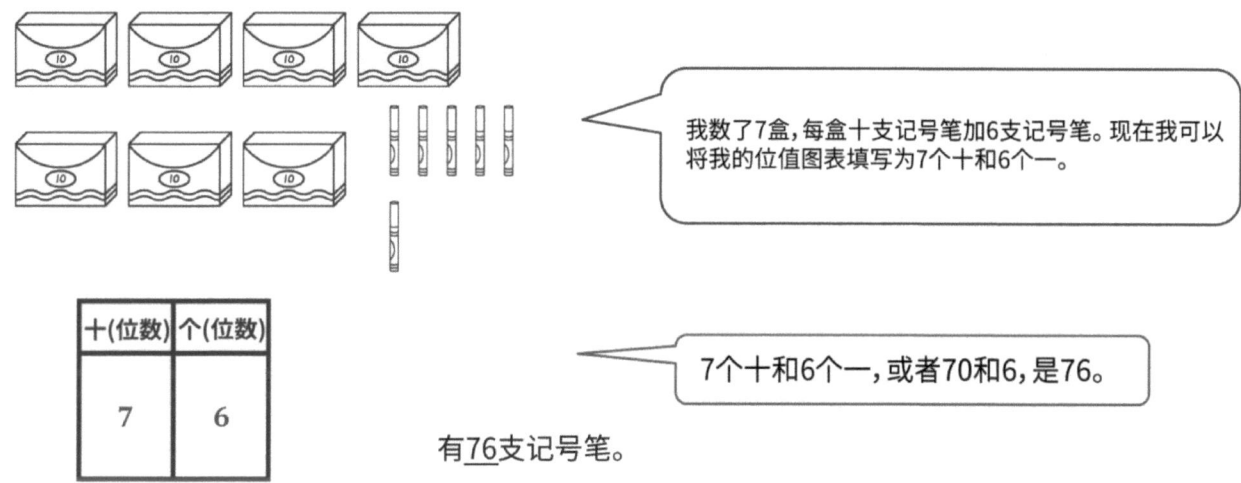

2. 在位值图表中将数字写为十位数和个位数，或使用位值图表写入数字。

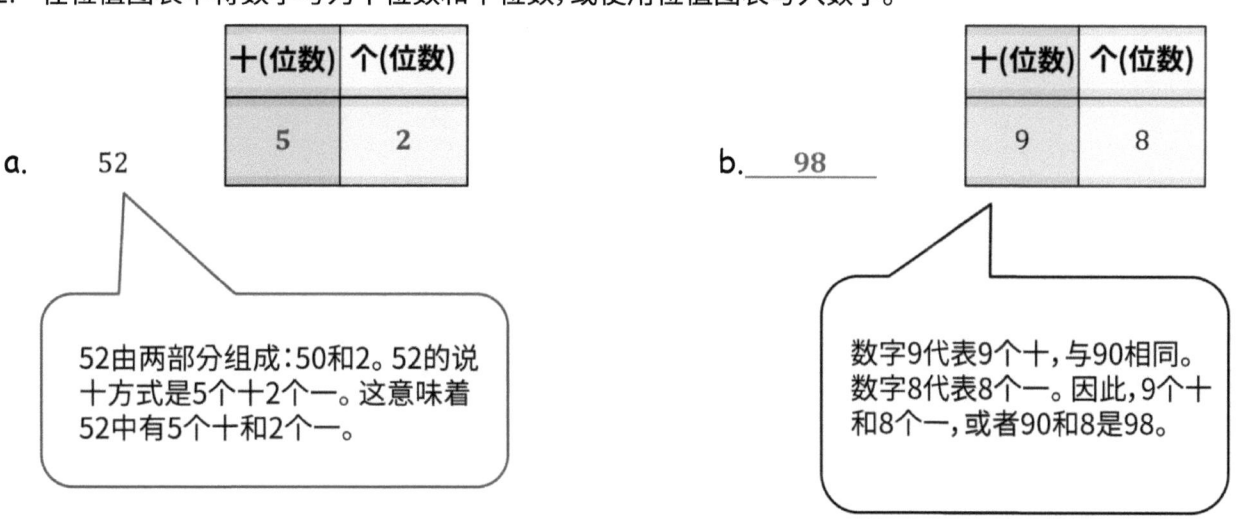

姓名 _____ 日期 _____

写出十位数和个位数。完成陈述句。

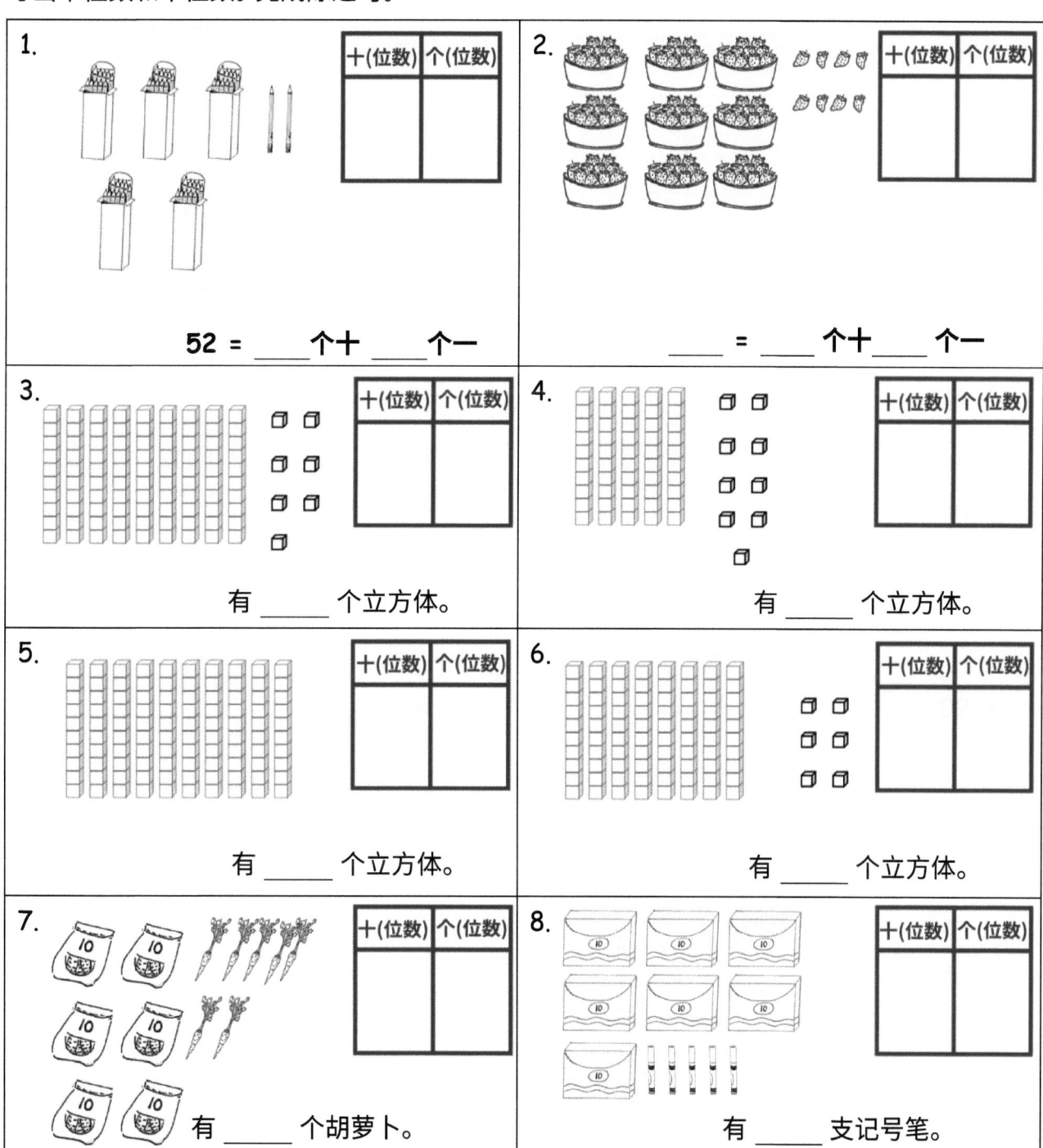

9. 在位值图表中将数字写为十位数和个位数，或使用位值图表写入数字。

a. 70

十(位数)	个(位数)

b. 76

十(位数)	个(位数)

c. _____

十(位数)	个(位数)
4	9

d. _____

十(位数)	个(位数)
9	4

e. 65

十(位数)	个(位数)

f. 60

十(位数)	个(位数)

g. 90

十(位数)	个(位数)

h. _____

十(位数)	个(位数)
10	0

i. _____

十(位数)	个(位数)
8	3

j. _____

十(位数)	个(位数)
8	0

1. 数对象，并填写数字键和位值图表。完成算式以相加十位数和个位数。

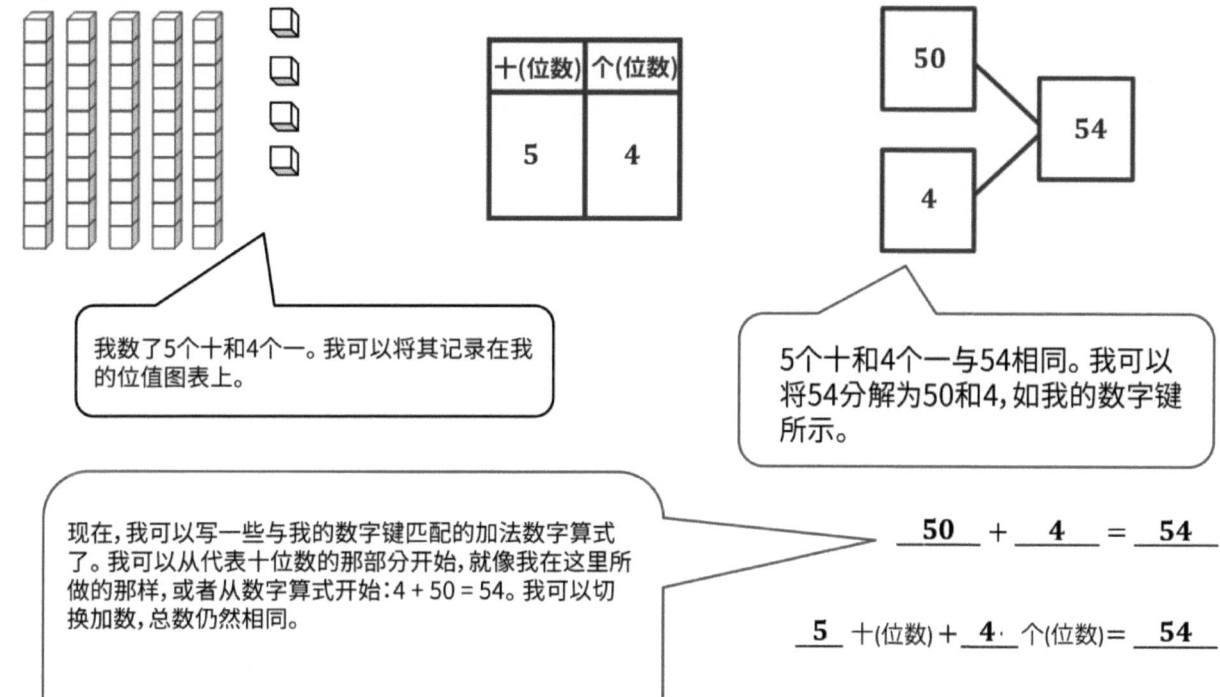

我数了5个十和4个一。我可以将其记录在我的位值图表上。

5个十和4个一与54相同。我可以将54分解为50和4，如我的数字键所示。

现在，我可以写一些与我的数字键匹配的加法数字算式了。我可以从代表十位数的那部分开始，就像我在这里所做的那样，或者从数字算式开始：4 + 50 = 54。我可以切换加数，总数仍然相同。

__50__ + __4__ = __54__

__5__ 十(位数) + __4__ 个(位数) = __54__

2. 完成算式以相加十位数和个位数。

a. 70 + 4 = __74__

b. 6个十 + __8__ 个一 = 68

我可以把这个数字算式说成是"比4大70是74"，或者"比70大4是74"，"70加上4是74"，"7个十和4个一是74"。这些只是表示这个数字算式的许多不同方式中的一些。这有助于我灵活地考虑数字。

单位的故事　　　　　　　　　　　　　　　第四课家庭作业　1•6

姓名 _____　　日期 _____

数对象，并填写数字键或位值图表。完成算式以相加十位数和个位数。

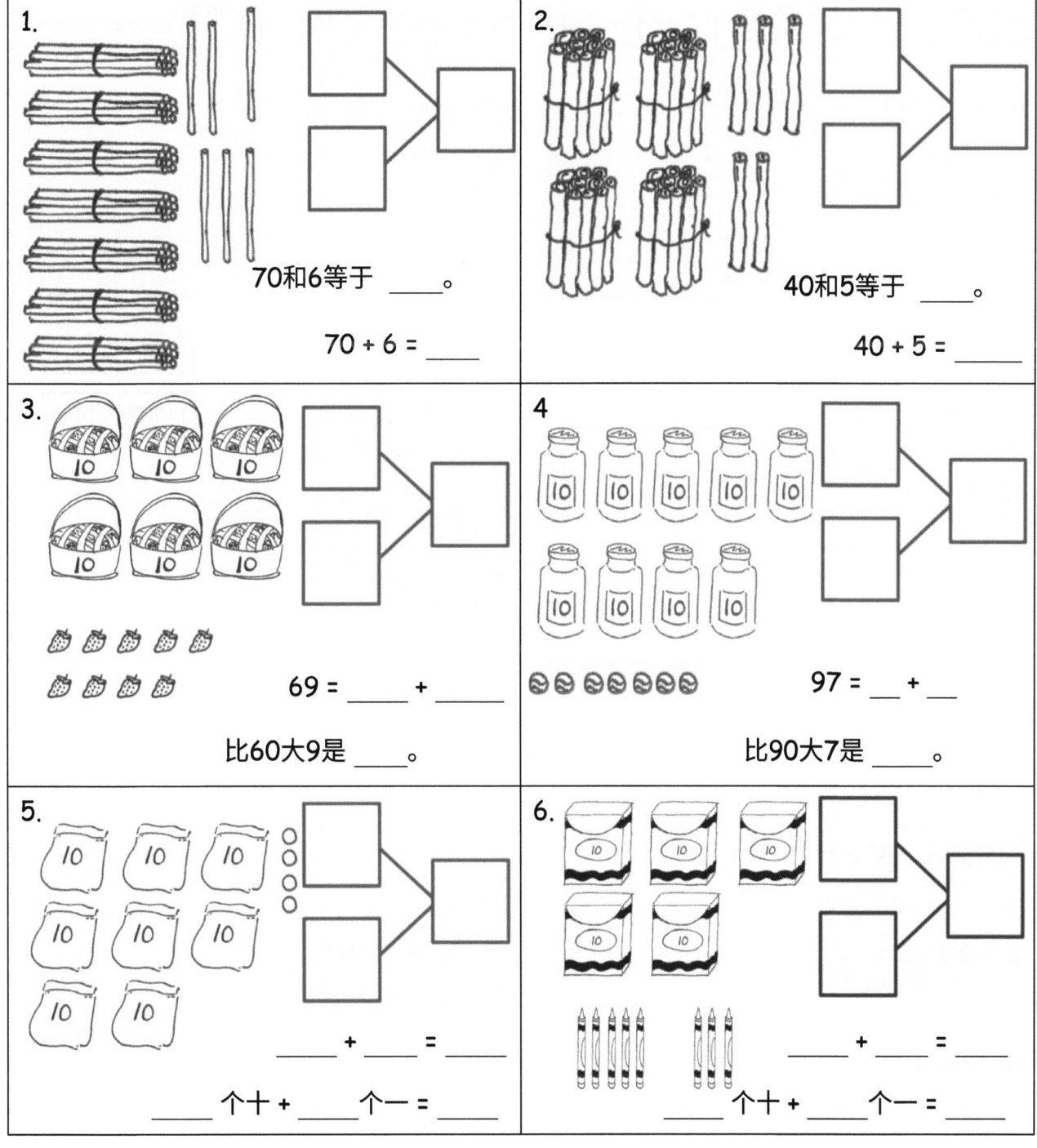

70和6等于 ____。

70 + 6 = ____

40和5等于 ____。

40 + 5 = ____

69 = ____ + ____

比60大9是 ____。

97 = ____ + ____

比90大7是 ____。

____ + ____ = ____

____ 个十 + ____ 个一 = ____

____ + ____ = ____

____ 个十 + ____ 个一 = ____

第四课：编写并将100以内两位数理解为加法算式，其中结合十位数和个位数。

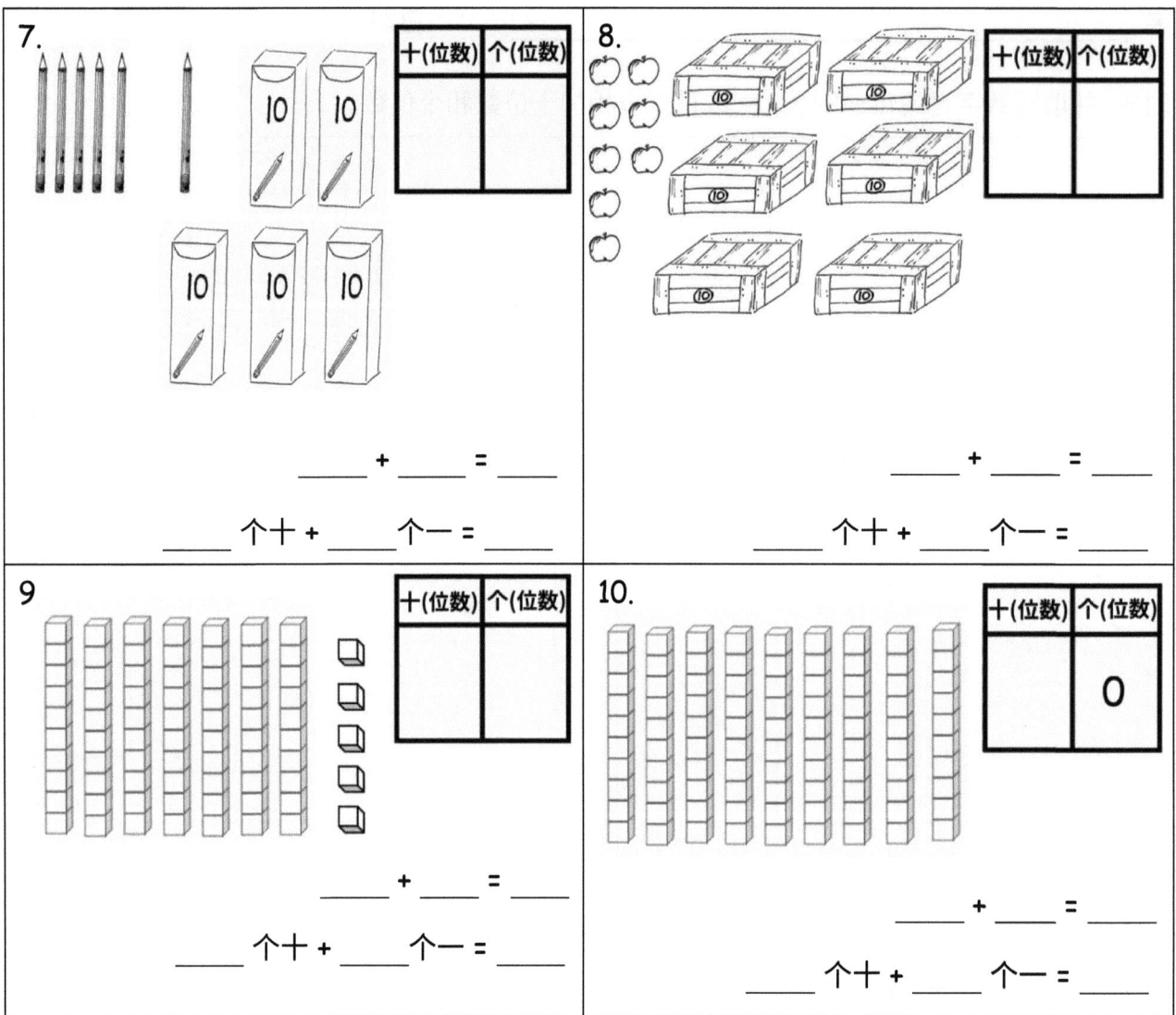

11. 完成算式以相加十位数和个位数。

a. 80 + 6 = ____

b. ____ + 7 = 57

c. 9个十 + ___个一 = 95

d. 4个一 + 8个十 = ____

1. 求出神秘数字。使用箭头的方式说明你是如何知道的。

   a. 比50小1是 **49**。

   b. 比50大10是 **60**。

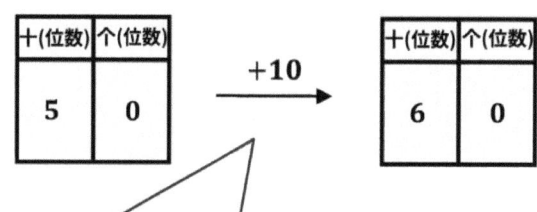

   50中有5个十和0个一。我可以将其写在左侧的位值图表中。比50小1是49。从50到49，我减去1。我可以从第一个位值图表绘制箭头到第二个位值图表，并在箭头上方写上"－1"。在这种情况下，当我发现小1时，十位和一位数字都改变了。

   比50大10是60。从50到60，为加10。我可以从第一个位值图表绘制一个箭头到第二个位值图表，并在箭头上方写上+10。这次只有十位数从5变为6，因为我们又增加了10。这个个位数没有变化。

2. 再写一个数字1。
   a. 60, **61**
   b. 79, **80**

3. 写下小10的数字。
   a. 70, **60**
   b. 82, **72**

当我发现大1或小1时，有时只有个位数字会改变，有时十位数和个位数字都会改变。

我需要仔细阅读说明，以了解何时加1，减1，加10或减10。

单位的故事 第五课家庭作业 1•6

姓名 _____ 日期 _____

1. 解题。你可以绘画或划掉(x)来展示你的解题方法。

a.

比79大10是 _____。

b.

比81小10是 ___。

c.

比79大1是 _____。

d.

比80小1是 ___。

2. 求出神秘数字。如果需要,你可以绘画来帮助求解。

a. 比75大10是 _____。

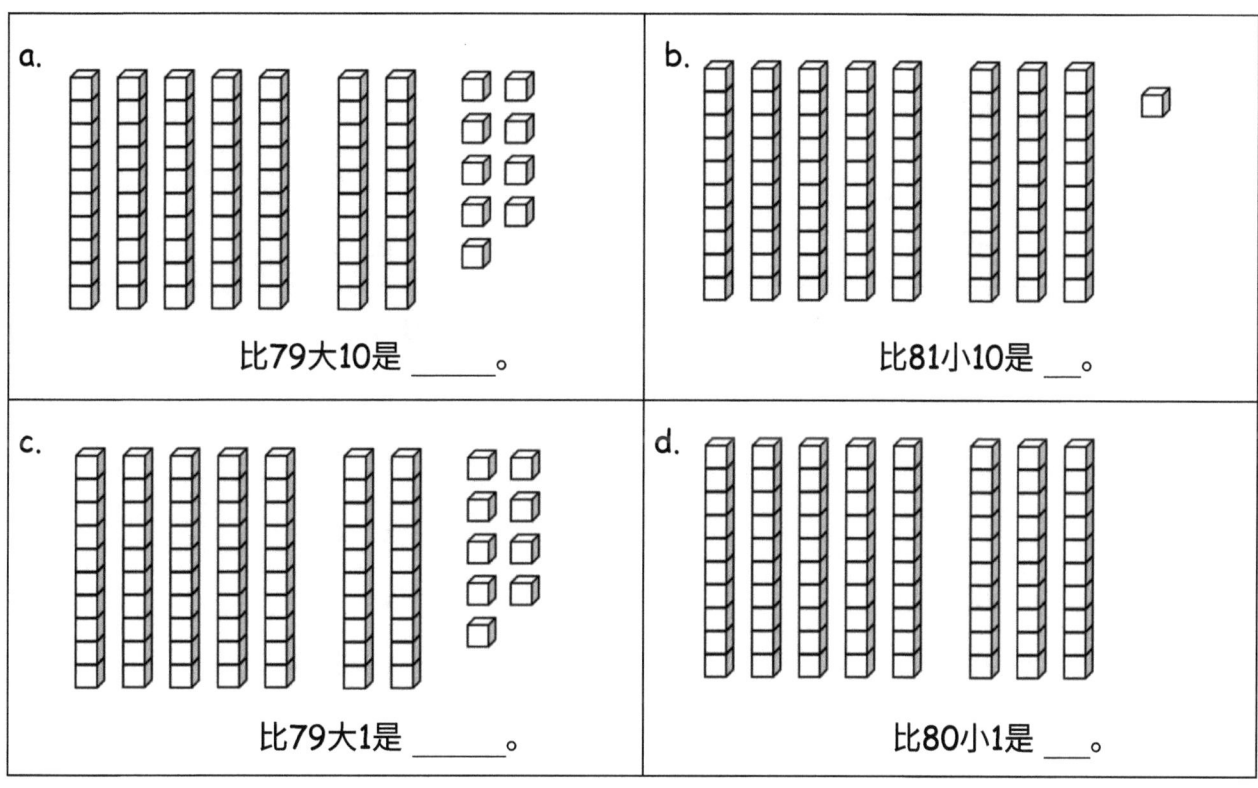

b. 比75大1是 _____。

c. 比88小10是 _____。

d. 比88小1是 _____。

第五课: 确认比100以内的两位数大10,小10,大1和小1的的数字。

199

3. 写下**大1**的数字。

   a. 40, _____
   b. 50, _____
   c. 65, _____
   d. 69, _____
   e. 99, _____

4. 写下**大10**的数字。

   a. 60, _____
   b. 70, _____
   c. 77, _____
   d. 89, _____
   e. 90, _____

5. 写下**小1**的数字。

   a. 53, _____
   b. 73, _____
   c. 71, _____
   d. 80, _____
   e. 100, _____

6. 写下**小10** 的数字。

   a. 50, _____
   b. 60, _____
   c. 84, _____
   d. 91, _____
   e. 100, _____

7. 在每个序列中填写缺少的数字。

   a. 50, 51, 52, _____
   b. 79, 78, 77, _____
   c. 62, 61, _____, 59
   d. 83, _____, 85, 86
   e. 60, 70, 80, _____
   f. 100, 90, 80, _____
   g. 57, 67, _____, 87
   h. 89, 79, _____, 59
   i. _____, 99, 98, 97
   j. _____, 84, _____, 64

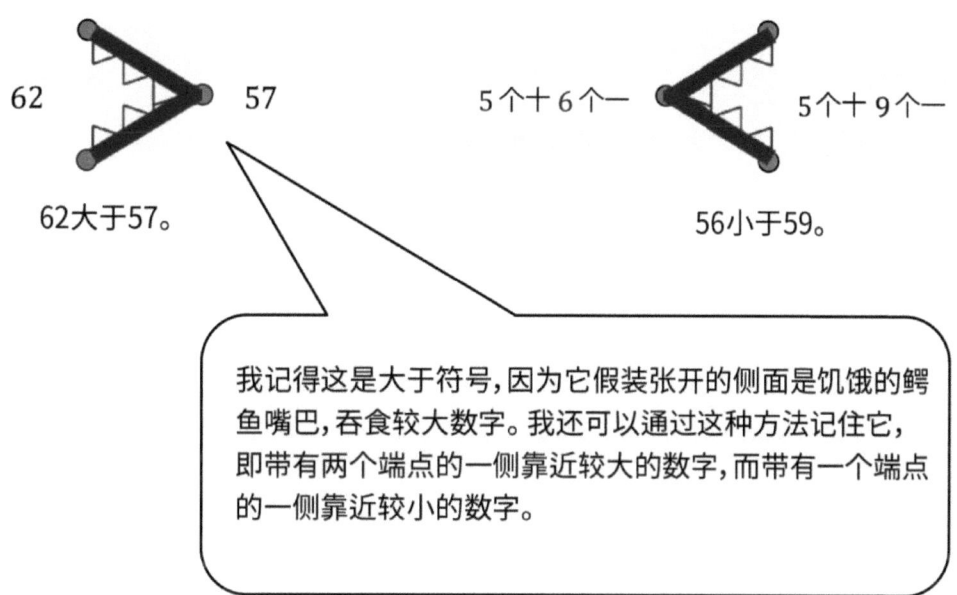

我记得这是大于符号,因为它假装张开的侧面是饥饿的鳄鱼嘴巴,吞食较大数字。我还可以通过这种方法记住它,即带有两个端点的一侧靠近较大的数字,而带有一个端点的一侧靠近较小的数字。

圈出正确的文字,使算式正确。使用符号 > < 或 = 和数字以写出真实的陈述。

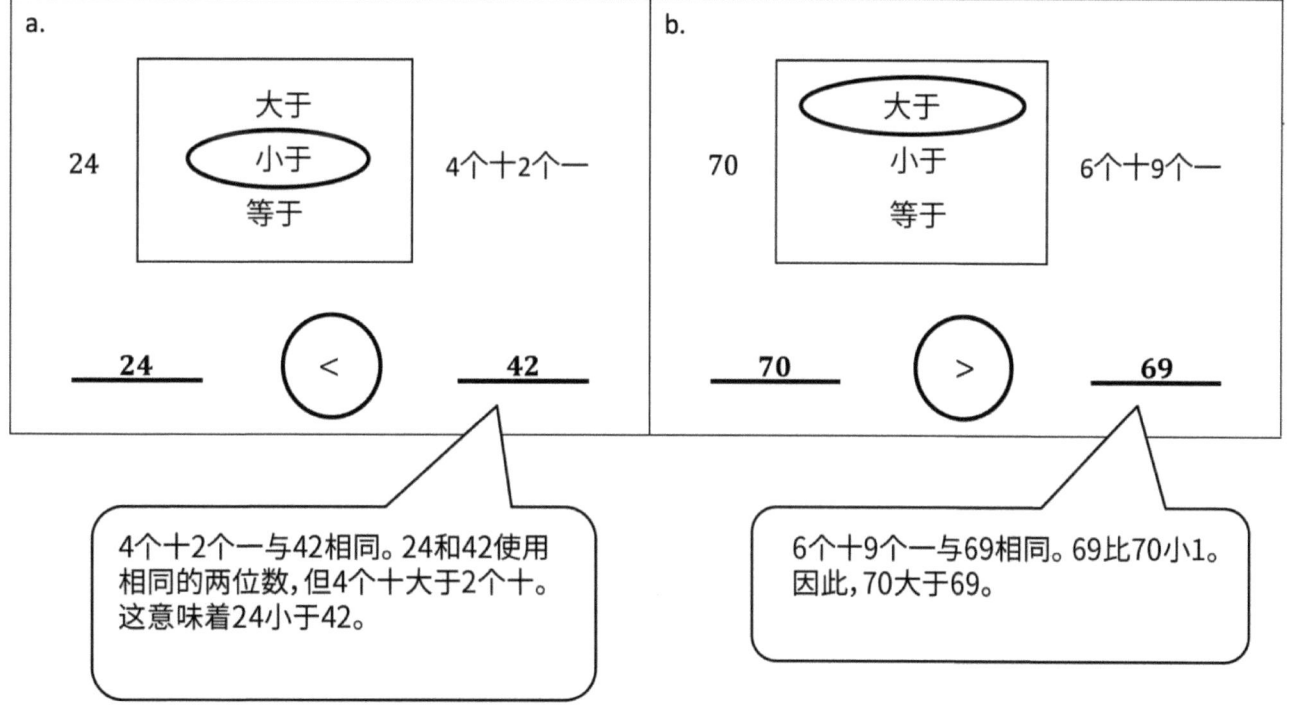

4个十2个一与42相同。24和42使用相同的两位数,但4个十大于2个十。这意味着24小于42。

6个十9个一与69相同。69比70小1。因此,70大于69。

第六课: 使用符号 >,= 和 < 比较100以内的数量和数字。

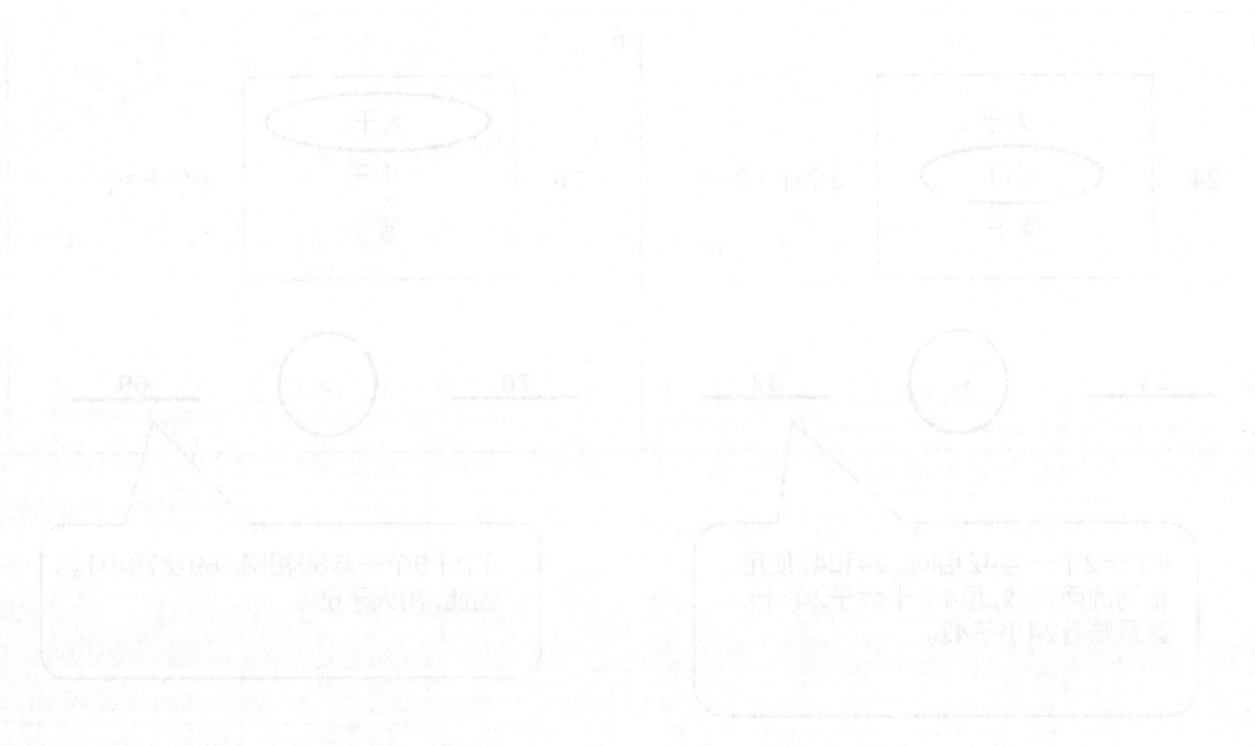

姓名 _____   日期 _____

1. 使用符号比较数字。填空使用符号 < , > , 或 = 使陈述正确。

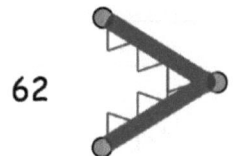   

62　　57　　　　　5个十 6个一　　　　5个十 9个一

62 (>) 57　　　　　　　　　　56 (<) 59
62大于57。　　　　　　　　　　56小于59。

a. 43 ◯ 35

b. 60 ◯ 86

c. 10个十 ◯ 99

d. 5个十 4个一 ◯ 54

e. 7个十 9个一 ◯ 9个十 7个一

f. 1个十 3个一 ◯ 31

g. 3个十 0个一 ◯ 2个十 10个一

h. 3个十 5个一 2 ◯ 个十 17个一

单位的故事　　　　　　　　　　　　　　　　　　第六课家庭作业　1•6

2. 在框中填写正确的文字以使句子正确。使用符号 > , < , 或 = 和数字以写出真实的陈述。

| 大于 | 小于 | 等于 |

a.　　42 _____ 1个十 2个一

　　　___ 〇 ___

b.　　6个十 7个一 _____ 5个十 17个一

　　　___ 〇 ___

c.　　37 _____ 73

　　　___ 〇 ___

d.　　2个十 14个一 _____ 4个一 2个十

　　　___ 〇 ___

e.　　9个一 5个十 9个十 _____ 5个一

　　　___ 〇 ___

单位的故事　　　　　　　　　　　　　　　　　　第七课家庭作业助手　1•6

1. 通过填写缺失的数字来完成图表。

0	100
1	**101**
2	102
3	103
4	**104**
5	105
6	106
7	**107**
8	**108**
9	109
10	110

> 我想确保一定要阅读这些数字而不必多说，并且数字要在百位和一位单位之间。我可以将这些数字读作："101、102、130"。当我说"100和1"时，它表示100 + 1，但数字的名称为101。

2. 比较2列。你注意到什么模式？

   左列从 1 计数到 10。右列从 100 计数到 110。模式是在 100时 数字从0再来，只有这次你首先说写 100。所以，代替 1, 2, 3, 4 的是 101,102,103,104。

3. 填写缺失的数字以继续计数序列。

   a.

   97, **96**, 95, **94**

   > 这个很棘手，因为它正在递减计数！

   b.

   99, **100**, **101**, 102

   > 这是一个棘手的问题，因为它要计数到更大的单位。它是从2位数字变为3位数字。

第七课：　计算并写下120以内的数字。使用隐藏零卡将数字0与20，100和120关联起来。

单位的故事　　　　　　　　　　　　　　　　　　　　第七课家庭作业　1•6

姓名 _____　　日期 _____

1. 在图表中填写120以内缺失的数字。

a.	b.	c.	d.	e.
71		91		111
	82		102	
		93		
74				114
	85		105	
		96		116
	87			
			108	
79		99		119
80	90		110	

第七课：　　计算并写下120以内的数字。使用隐藏零卡将数字0与20，100和120关联起来。

2. 写下数字以连续序列计数到120。

99, _____, 101, _____, _____, _____, _____, _____, _____,

_____, _____, _____, _____, _____, _____, _____,

_____, _____, _____, _____, _____, _____。

3. 圈出不正确的序列。在线上正确地重写。

a.

116, 117, 118, 119, 120

b.

96, 97, 98, 99, 100, 110

4. 填写序列中缺少的数字。

a.

113, 114, _____, _____, _____

b.

_____, _____, _____, 120

c.

102, _____, _____, _____

d.

88, 89, _____, _____, _____

1. 在位值图表中将数字写为十位数和个位数，或使用位值图表写入数字。

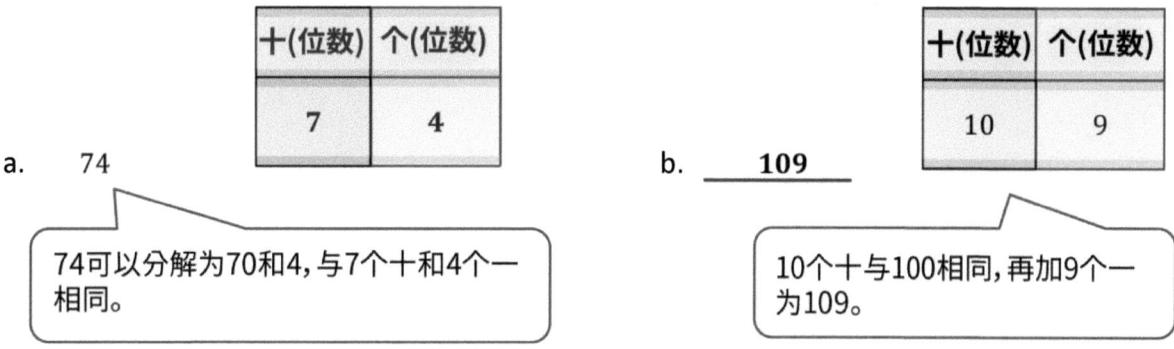

2. 写下数字。

   a. 10个十5个一是数字 __**105**__ 。

   我可以将它读为一百零五，而不是一百和五。一百和五表示 100 + 5。

   b. 11个十8个一是数字 __**118**__ 。

   11个十与110相同，再加8个一为118。我还可以将118显示为10个十和18个一。它是相同的数字，只是写法不同。

单位的故事　　　　　　　　　　　　　　　　　　　　第八课家庭作业　1•6

姓名 _____　　　　　日期 _____

1. 在位值图表中将数字写为十位数和个位数，或使用位值图表写入数字。

	十(位数)	个(位数)
a. 81 | | |

	十(位数)	个(位数)
b. 98 | | |

	十(位数)	个(位数)
c. _____ | 11 | 7 |

	十(位数)	个(位数)
d. _____ | 10 | 8 |

	十(位数)	个(位数)
e. 104 | | |

	十(位数)	个(位数)
f. 111 | | |

2. 写下数字。

a. 9个十2个一是数字 _____。	b. 8个十4个一是数字 _____。
c. 11个十3个一是数字 _____。	d. 10个十9个一是数字 _____。
e. 10个十1个一是数字 _____。	f. 11个十6个一是数字 _____。

第八课：　仅用十位数和个位数以单位形式计数到120。在位值图表上将120以内的数字表示为十位数和个位数。

211

3. 匹配。

a. | 十(位数) | 个(位数) |
|---|---|
| 10 | 2 |

b. | 十(位数) | 个(位数) |
|---|---|
| 9 | 5 |

c. | 十(位数) | 个(位数) |
|---|---|
| 11 | 4 |

d. | 十(位数) | 个(位数) |
|---|---|
| 11 | 0 |

e. | 十(位数) | 个(位数) |
|---|---|
| 10 | 8 |

f. | 十(位数) | 个(位数) |
|---|---|
| 10 | 0 |

g. | 十(位数) | 个(位数) |
|---|---|
| 11 | 8 |

11个十 4个一

9个十 5个一

11个十 8个一

11个十 0个一

10个十 2个一

10个十 0个一

10个十 8个一

1. 数对象。填写位值图表,然后在线上写下数字。

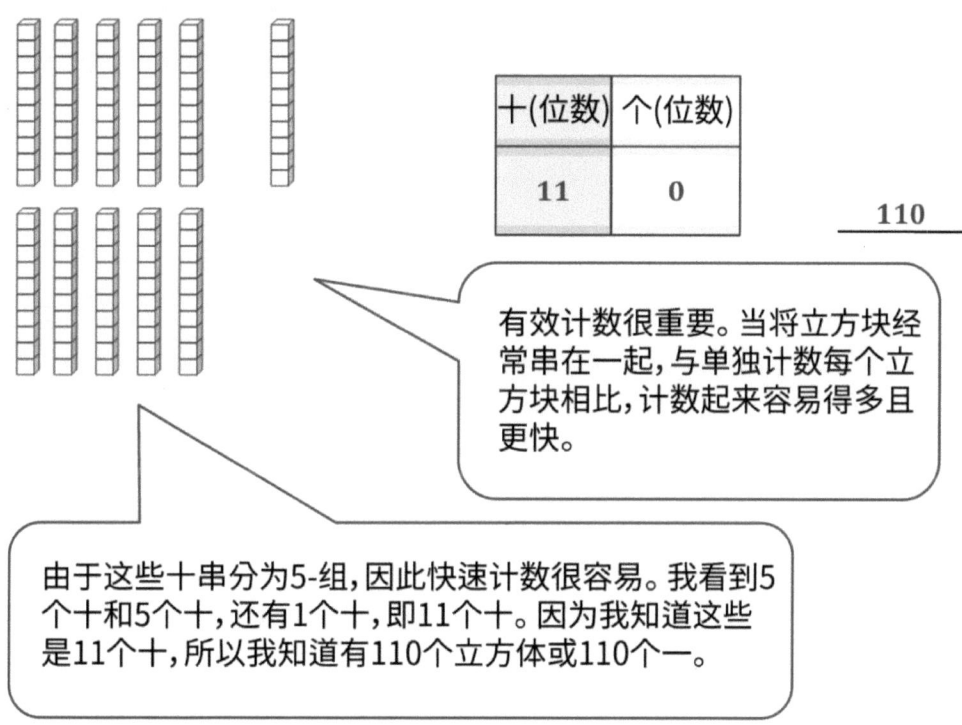

有效计数很重要。当将立方块经常串在一起,与单独计数每个立方块相比,计数起来容易得多且更快。

由于这些十串分为5-组,因此快速计数很容易。我看到5个十和5个十,还有1个十,即11个十。因为我知道这些是11个十,所以我知道有110个立方体或110个一。

2. 使用快速十和一来表示以下数字。将数字写在线上。

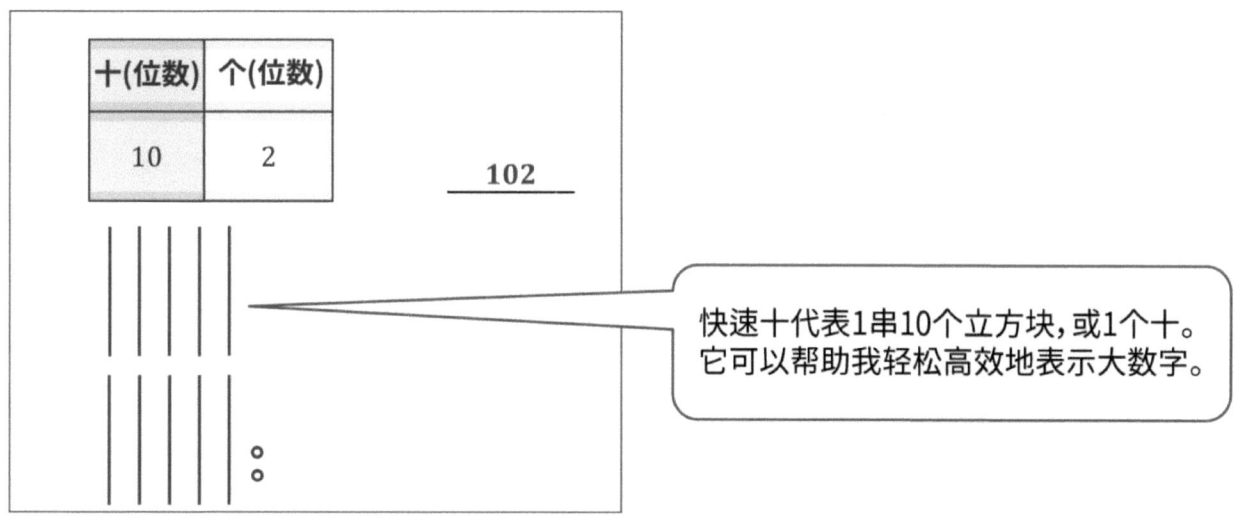

快速十代表1串10个立方块,或1个十。它可以帮助我轻松高效地表示大数字。

姓名 _____ 日期 _____

数对象。填写位值图表，然后在线上写下数字。

1.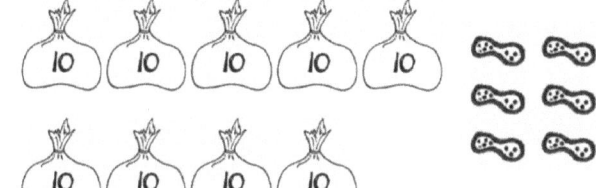

十(位数)	个(位数)

_____

2.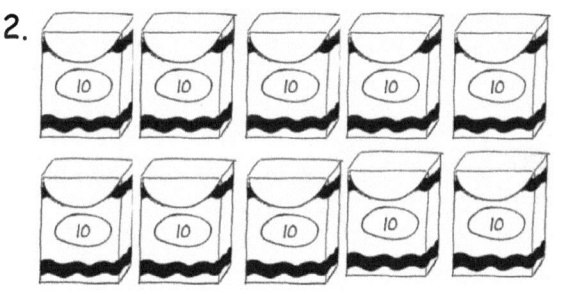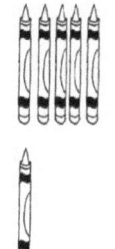

十(位数)	个(位数)

_____

3.

十(位数)	个(位数)

_____

4.

十(位数)	个(位数)

_____

5.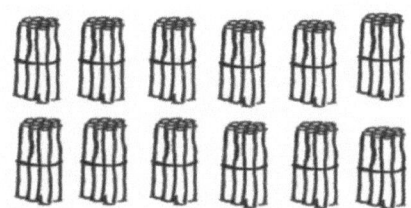

十(位数)	个(位数)

_____

单位的故事　　　　　　　　　　　　　　　　　　　　　　　第九课家庭作业　1•6

6.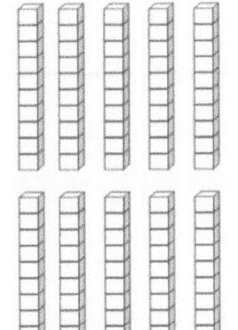

十(位数)	个(位数)

_____

7.

十(位数)	个(位数)

_____

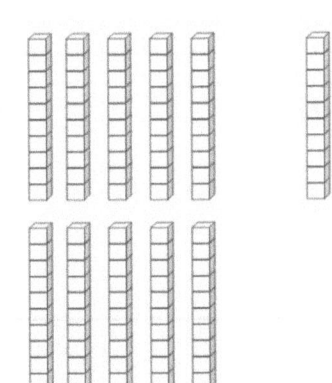

使用快速十和一来表示以下数字。
将数字写在线上。

8. _____

十(位数)	个(位数)
11	0

9. _____

十(位数)	个(位数)
10	5

1. 完成数字键或数字算式，然后在匹配的图片上画一条线。

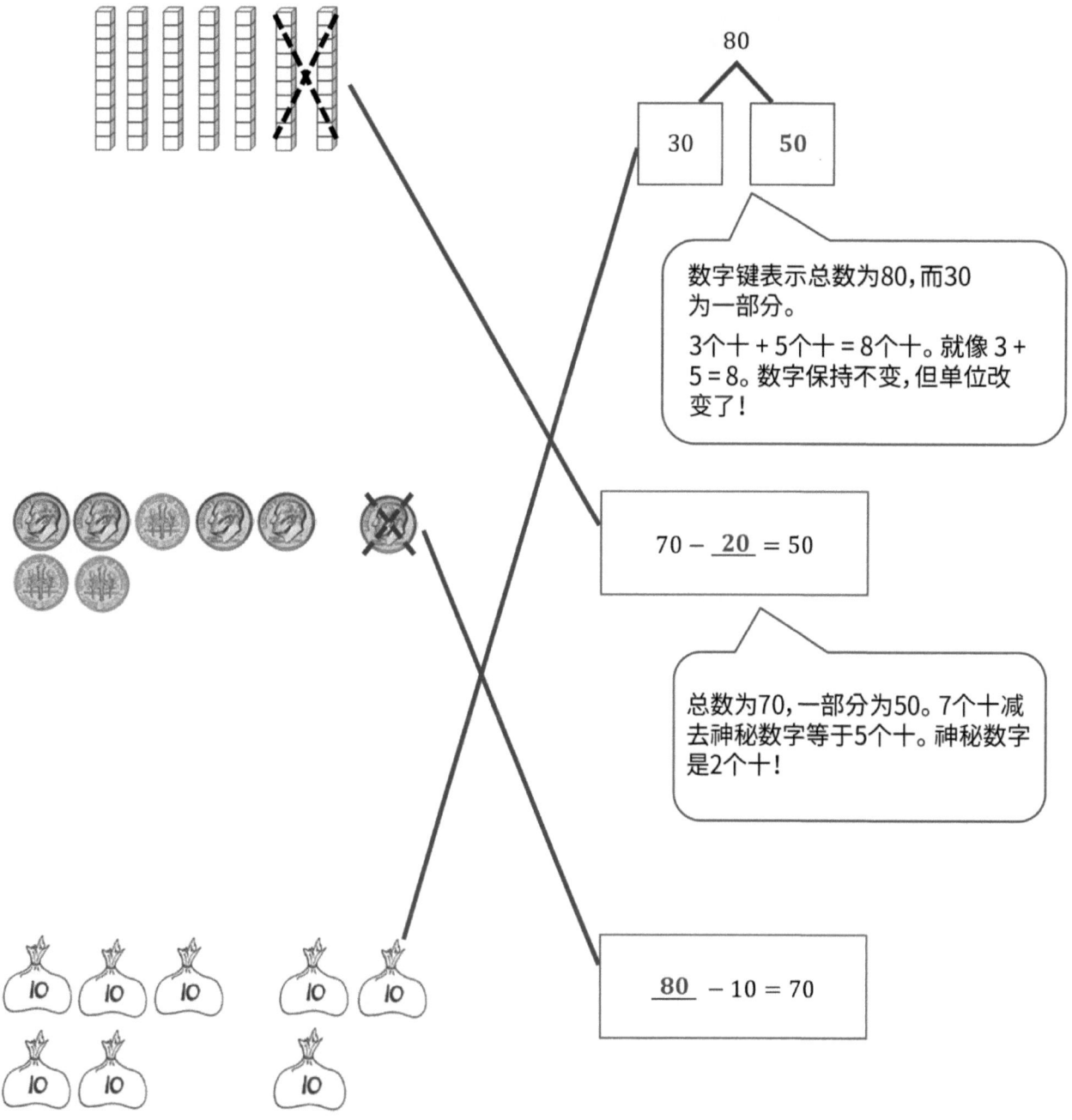

2. 计算角币进行加或减。写一个数字算式以匹配角币。

$90 - 30 = 60$

 +

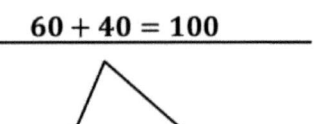

$60 + 40 = 100$

我可以想到6 + 4 = 10，对我有帮助。6个角币 + 4个角币等于10个角币。60 + 40 = 100。一共有10个十！

姓名 _____   日期 _____

1. 完成数字键或数字算式，并绘制一条线到匹配的图片。

a.

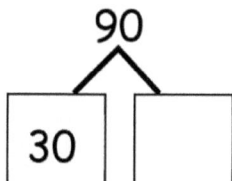

b.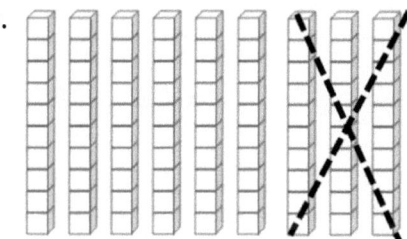

 = 60

c.

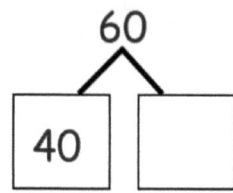

d.

80- _____ = 60

2. 计算角币进行加或减。写一个数字算式以匹配角币。

   a. +    _____40 + 20 = _____

   b.    _____

   c.    _____

   d.    _____

3. 写出缺少的数字。

   a. 70 + _____ = 90   b. _____ + 30 = 80   c. 100 - _____ = 20

   d. 30 + 60 = _____   e. 70 - _____ = 20   f. 20 - _____ = 60

   g. _____ - 20 = 60   h. 90 - _____ = 20   h. 50 - _____ = 100

1. 使用图片求解。完成匹配的数字算式。

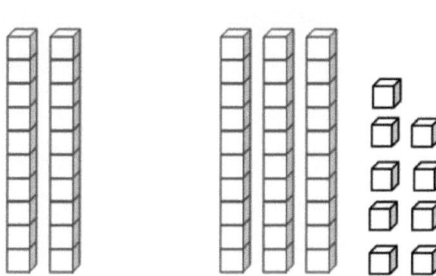

  20 + 39 = 59

> 我可以先相加2个十和3个十。那是五个十。我有9个一。个位数没有改变。

2. 使用数字键来求解。

40 + 38 = 78
     /\
    30 8

40 + 30 = 70
70 + 8 = 78

> 我可以用数字键将38分解为30和8。我先相加40和30，即70，然后再加8得出78。

3. 解题。你可以使用数字键来帮助你。

23 + __40__ = 63

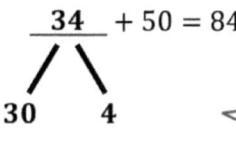

__34__ + 50 = 84
  /\
 30 4

> 我可以从23开始，以十计数直到得到63为止。我数了4个十：33、43、53、63。我的总数是63！

> 我可以通过画数字键来检查我的方法。由于3 + 5 = 8，所以我知道30 + 50 = 80。34是缺少的部分，因为总数84中有4个一。

第十一课： 将10的倍数与100以内的任何两位数相加。

姓名 _____ 日期 _____

1. 使用图片求解。完成匹配的数字算式。

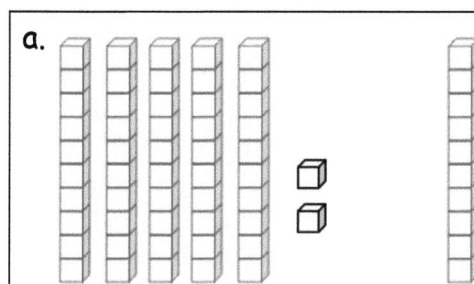

_____ + _____ = _____

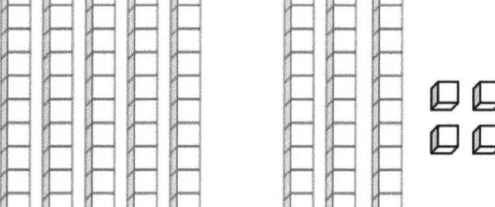

_____ + _____ = _____

_____ + _____ = _____

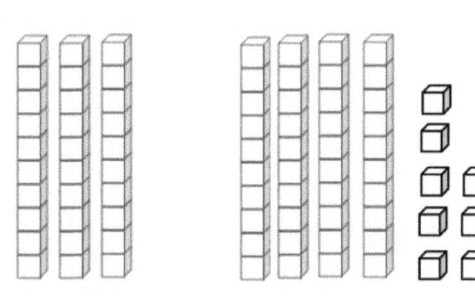

_____ + _____ = _____

第十一课: 将10的倍数与100以内的任何两位数相加。

单位的故事 　　　　　　　　　　　　　　　　　　　　　　　第十一课家庭作业　1•6

$$64 + 30 = 94$$
$$4 \quad 60$$
$$60 + 30 = 90$$
$$90 + 4 = 94$$

2. 使用数字键来解题。

a. 38 + 40 = _____	b. 54 + 30 = _____
c. 46 + 40 = _____	d. 30 + 57 = _____
e. 20 + 68 = _____	f. 25 + 70 = _____

3. 解题。你可以使用数字键来帮助你。

a. 72 + 20 = _____　　　　　　　　　　b. 48 + 50 = _____

c. 46 + _____ = 96　　　　　　　　　　d. _____ + 40 = 87

第十一课： 将10的倍数与100以内的任何两位数相加。

单位的故事　　　　　　　　　　　　　　　　　　　　　　　第十二课家庭作业助手　1•6

1. 解题。

   38 + 42 = __80__
   　　／＼
   　 2　　40

   38 + 2 = 40
   40 + 40 = 80

   > 我可以先考虑个位数。由于38接近40,为可以得到下一个十！我用数字键将42分解,然后相加38 + 2。然后,40 + 40 = 80。

2. 使用数字键求解。你可以选择先相加个位数或十位数。写下两个数字算式以说明你的解题方法。

   a.　56 + 43 = __99__
   　　　　／＼
   　　　40　　3

   56 + 40 = 96
   96 + 3 = 99

   > 我可以将43分解为十位数和个位数。我可以先加十位数。因此,56 + 40 = 96。我不能忘记相加3个一:
   > 96 + 3 = 99.

   b.　25 + 45 = __70__
   　　　　／＼
   　　　20　　5

   45 + 5 = 50
   50 + 20 = 70

   > 这次,我先相加个位数。当我分解25时,我看到我可以将5加到45以得到50。这是一个友好的数字！然后我只加5个十 + 2个十 = 7个十,即70。

第十二课：　　当一位数的和小于或等于10时,添加一对两位数字。

单位的故事　　　　　　　　　　　　　　　　　　第十二课家庭作业　1•6

姓名 _____　　日期 _____

1. 解题。

a. 46 + 22 = _____	b. 74 + 23 = _____
c. 54 + 25 = _____	d. 68 + 31 = _____
e. 45 + 55 = _____	f. 86 + 13 = _____
g. 37 + 52 = _____	h. 47 + 52 = _____

第十二课：　当一位数的和小于或等于10时，添加一对两位数字。

2. 使用数字键求解。你可以选择先相加个位数或十位数。写下两个数字算式以说明你的解题方法。

a. 76 + 23 = _____	b. 45 + 33 = _____
c. 31 + 67 = _____	d. 57 + 32 = _____
e. 58 + 21 = _____	f. 25 + 63 = _____
g. 44 + 55 = ___	h. 47 + 53 = _____

解题并说明你的解题方法。

1. $49 + 24 = \underline{73}$

   分解：1 和 23

   $49 + 1 = 50$
   $50 + 23 = 73$

   > 我可以考虑得到下一个十！49接近 50，所以我可以将24分解，将1加到49。然后，我加上其余部分，所以 50 + 23 = 73。

2. $38 + 53 = \underline{91}$

   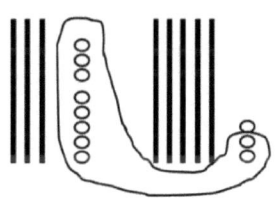

   > 我可以使用快速十和一显示每个数字。当我看着个位数时，我可以将剩下的1再组成10的组。因此，我总共有9个十和1个一，即91。

3. $25 + 58 = \underline{83}$

   分解：20 和 5

   $58 + 20 = 78$
   $78 + 5 = 83$

   分解：2 和 3

   > 我可以从58开始并加20。要相加 78 + 5，我可以将5分解为2和3。这很容易心算求解，因为 78 + 2 = 80，还有3是83。

4. $67 + 18 = \underline{85}$

   分解：60 和 7，10 和 8

   $60 + 10 = 70$
   $7 + 8 = 15$
   $70 + 15 = 85$

   > 我可以将两个数字分解为十位数和个位数。我先加十位数，然后再加个位数。我可以将它们结合起来，所以 70 + 15 = 85。

第十三课：当一位数的和大于10时，使用分解方法添加一对两位数。

姓名 _____ 日期 _____

1. 解题并说明你的解题方法。

a. 15 + 26 = _____	b. 46 + 49 = _____	c. 28 + 54 = _____
d. 69 + 13 = _____	e. 69 + 23 = _____	f. 69 + 19 = _____
g. 49 + 43 = _____	h. 57 + 36 = _____	i. 68 + 23 = _____

第十三课： 当一位数的和大于10时，使用分解方法添加一对两位数。

单位的故事 第十三课家庭作业 1•6

2. 解题并说明你的解题方法。

a. 34 + 47 = _____	b. 38 + 45 = _____	c. 68 + 23 = _____
d. 39 + 57 = _____	e. 38 + 44 = _____	f. 17 + 76 = _____
g. 68 + 24 = _____	h. 18 + 77 = _____	i. 14 + 67 = _____

第十三课: 当一位数的和大于10时,使用分解方法添加一对两位数。

单位的故事

解题并说明你的解题方法。

1. $38 + 46 = \underline{84}$

   分解：2 和 44

   $38 + 2 = 40$
   $40 + 44 = 84$

   > 首先，我考虑得到下一个十！我可以分解46，然后加2到38，得到40。然后，我加上其余部分，所以40 + 44 = 84。

2. $26 + 55 = \underline{81}$

   分解：20 和 6

   $55 + 20 = 75$
   $75 + 6 = 81$

   分解：5 和 1

   > 这次，我可以从55开始并相加20。然后，将75 + 6加起来，我可以将6分解成5和1，得到一个十。75 + 5 = 80，再加1是81。

3. $68 + 17 = \underline{85}$

   分解：60 和 8；10 和 7

   $60 + 10 = 70$
   $8 + 7 = 15$
   $70 + 15 = 85$

   > 我可以将两个数字分解为十位数和个位数。我先加十位数，然后再加个位数。我可以将它们结合起来，所以70 + 15 = 85。

第十四课： 当一位数的和大于10时，使用分解方法添加一对两位数。

姓名 _____ 日期 _____

1. 解题并说明你的解题方法。

a. 68 + 21 = _____	b. 59 + 32 = _____
c. 39 + 44 = _____	d. 58 + 36 = _____
e. 76 + 17 = _____	f. 68 + 26 = _____
g. 56 + 39 = _____	h. 58 + 29 = _____

第十四课: 当一位数的和大于10时,使用分解方法添加一对两位数。

单位的故事　　　　　　　　　　　　　　　　　　　　　　　第十四课家庭作业　　1•6

2. 解题并说明你的解题方法。

a. 39 + 41 = _____	b. 48 + 43 = _____
c. 87 + 13 = _____	d. 59 + 25 = _____
e. 65 + 27 = _____	f. 27 + 67 = _____
g. 49 + 39 = _____	h. 38 + 58 = _____

第十四课：　当一位数的和大于10时，使用分解方法添加一对两位数。

使用快速十和一图画求解。记住将十位数和十位数对齐,个位数和个位数对齐。将总计写在图形下方。

1. 49 + 23 = __72__

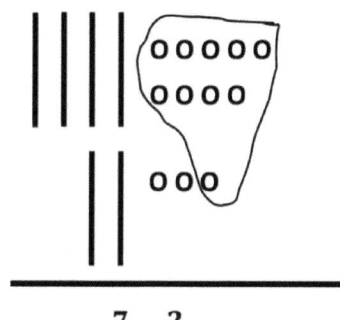

> 49是4个十和9个一。23是2个十和3个一。我可以将个位数和十位数排成一排相加。我先相加个位数。9个一和3个一是12个一。这是10和2。我可以圈出一个新的十,并将其加到6个十中。现在我有7个十和2个一。

    7 2

2. 26 + 68 = __94__

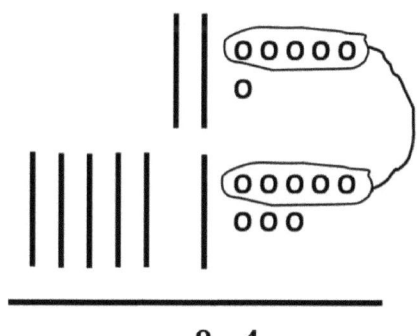

> 我确保开始用十和一绘制每个数字。当我画数字68时,我将6个十放在2个十下方,然后将8个一放在26中的6个一下方。看,我的5-组图可帮助我立即看到10个一!

    9 4

单位的故事 第十五课家庭作业 1•6

姓名 _____ 日期 _____

1. 使用快速十和一图画求解。记住将十位数和十位数对齐，个位数和个位数对齐。将总计写在图形下方。

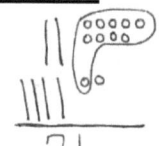

a. 39 + 42 = ____	b. 48 + 36 = ____
c. 31 + 48 = ____	d. 47 + 34 = ____
e. 57 + 39 = ____	f. 58 + 27 = ____

第十五课： 当一位数的和大于10时，使用图画添加一对两位数。在下面记录总数。

239

2. 用快速十和一求解。记住将十位数和十位数对齐,个位数和个位数对齐。将总计写在图形下方。

a. 59 + 25 = _____	b. 48 + 42 = _____
c. 39 + 53 = _____	d. 78 + 14 = _____
e. 57 + 25 = _____	f. 69 + 27 = _____

使用快速十和一图画求解。请记住将图画排成一行,并垂直重写数字算式。

1. 49 + 36 = __85__

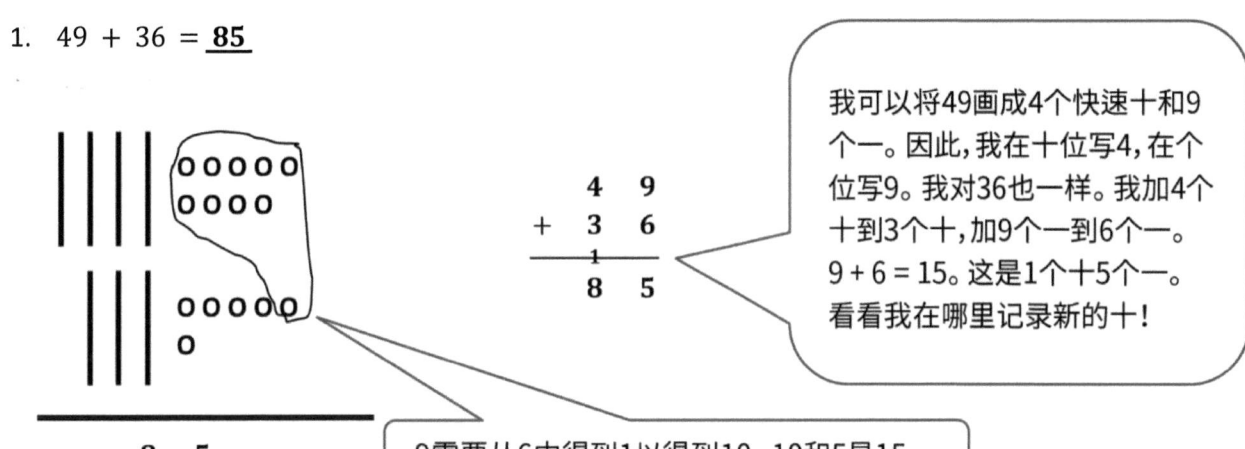

我可以将49画成4个快速十和9个一。因此,我在十位写4,在个位写9。我对36也一样。我加4个十到3个十,加9个一到6个一。9 + 6 = 15。这是1个十5个一。看看我在哪里记录新的十!

9需要从6中得到1以得到10。10和5是15。

2. 18 + 78 = __96__

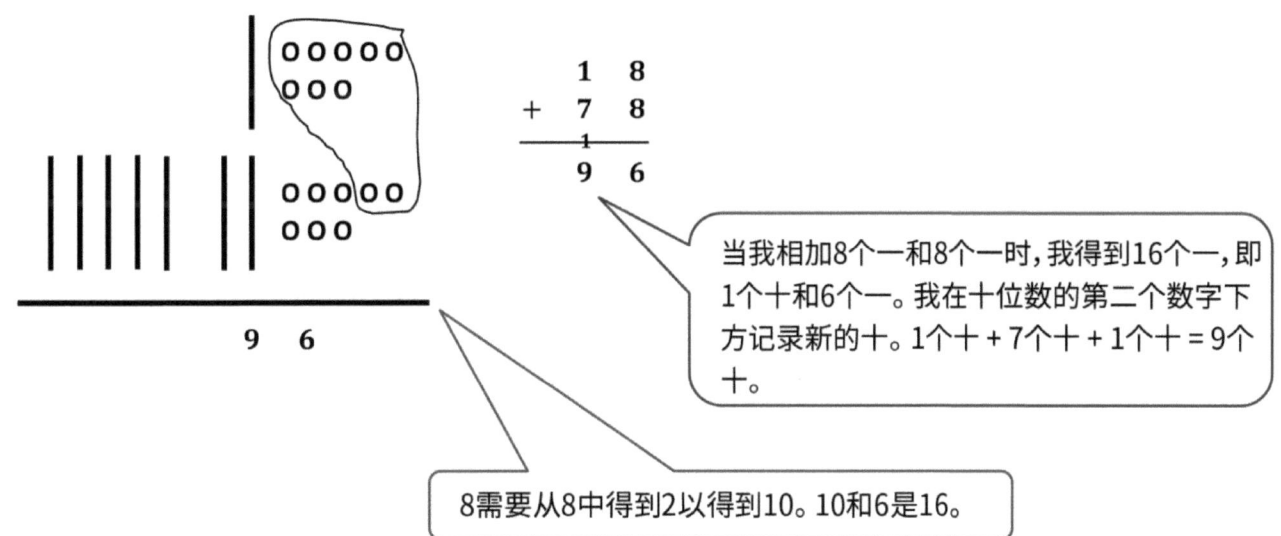

当我相加8个一和8个一时,我得到16个一,即1个十和6个一。我在十位数的第二个数字下方记录新的十。1个十 + 7个十 + 1个十 = 9个十。

8需要从8中得到2以得到10。10和6是16。

姓名 _____ 日期 _____

1. 使用快速十和一图画求解。请记住将图画排成一行，并垂直重写数字算式。

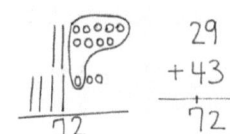

a. 39 + 45 = ____	b. 64 + 28 = ____
c. 47 + 38 = ____	d. 53 + 27 = ____
e. 38 + 48 = ____	f. 53 + 45 = ____

第十六课： 当一位数的和大于10时，使用图画添加一对两位数。在下面记录新的十。

2. 用快速十和一求解。请记住将图画排成一行,并垂直重写数字算式。

a. 79 + 14 = _____	b. 28 + 47 = _____
c. 58 + 33 = _____	d. 19 + 66 = _____
e. 39 + 59 = _____	f. 49 + 48 = _____

使用快速十和一图画求解。请记住将图画排成一行,并垂直重写数字算式。

1. 58 + 32 = **90**

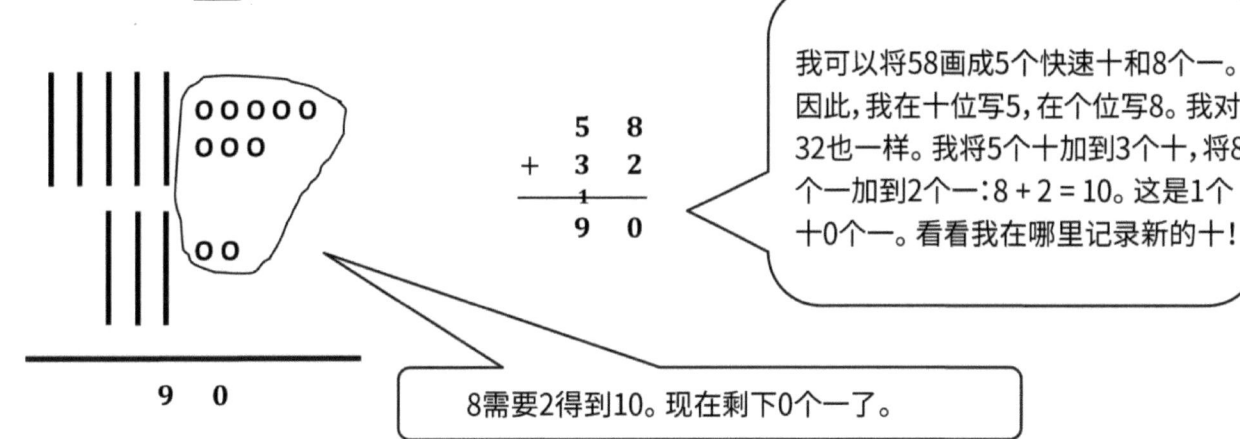

我可以将58画成5个快速十和8个一。因此,我在十位写5,在个位写8。我对32也一样。我将5个十加到3个十,将8个一加到2个一:8 + 2 = 10。这是1个十0个一。看看我在哪里记录新的十!

8需要2得到10。现在剩下0个一了。

2. 28 + 49 = **77**

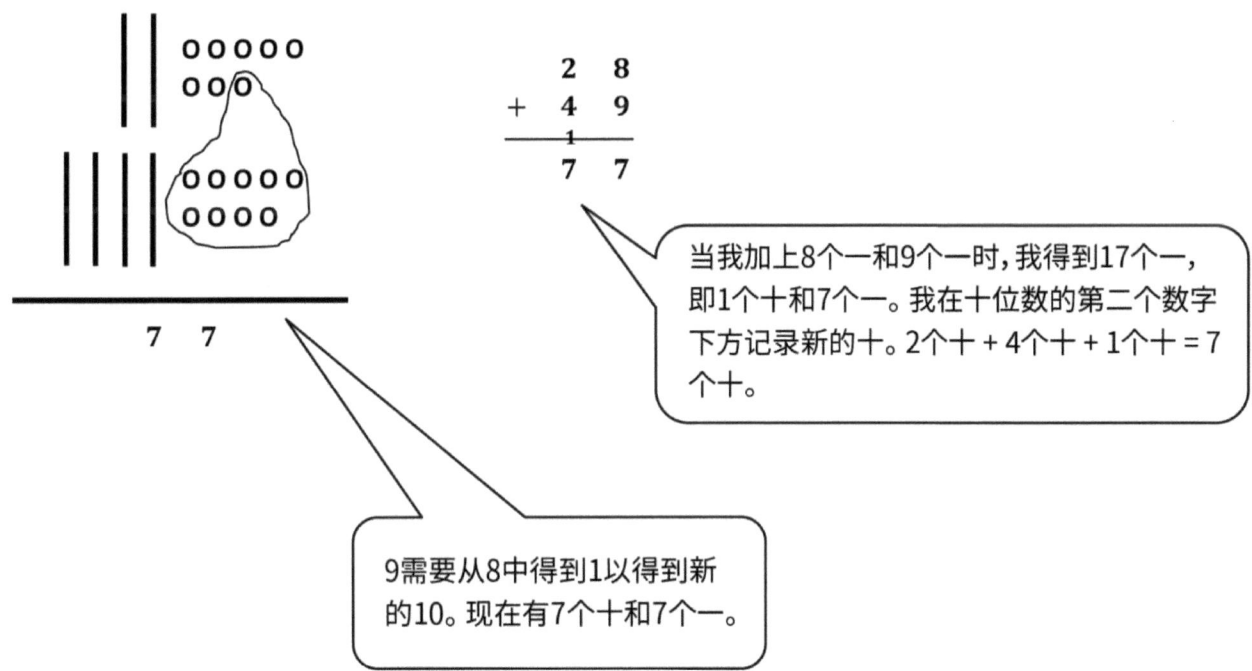

当我加上8个一和9个一时,我得到17个一,即1个十和7个一。我在十位数的第二个数字下方记录新的十。2个十 + 4个十 + 1个十 = 7个十。

9需要从8中得到1以得到新的10。现在有7个十和7个一。

第十七课: 当一位数的和大于10时,使用图画添加一对两位数。在下面记录新的十。

姓名 _____ 日期 _____

1. 使用快速十图画求解。记住将十位数和个位数各自对齐，然后垂直重写数字算式。

a. 49 + 33 = _____	b. 68 + 32 = _____
c. 36 + 43 = _____	d. 27 + 67 = _____
e. 78 + 17 = _____	f. 69 + 28 = _____

第十七课： 当一位数的和大于10时，使用图画添加一对两位数。在下面记录新的十。

2. 使用快速十张图画求解。记住将十位数和个位数各自对齐，然后垂直重写数字算式。

a. 29 + 52 = _____

b. 58 + 31 = _____

c. 73 + 26 = _____

d. 67 + 28 = _____

e. 41 + 59 = _____

f. 48 + 45 = _____

第十七课： 当一位数的和大于10时，使用图画添加一对两位数。在下面记录新的十。

使用你喜欢的任何方法来求解以下习题。

1. $44 + 23 = \underline{67}$

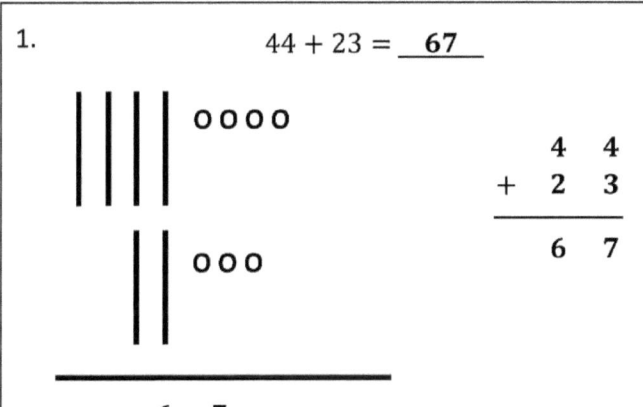

> 我想开始画出十和一来帮助我解这题。线段代表我的十位数。圆圈代表我的个位数。我知道重要的是,小心地将十位数排列到十位数,然后个位数到个位数。

2. $57 + 23 = \underline{80}$

   23 分解为 20 和 3

   $57 \xrightarrow{+20} 77 \xrightarrow{+3} 80$

> 我想使用箭头方式作为我的策略。我可以将23分解为20和3。我可以先添加20,然后再添加3。

3. $48 + 15 = \underline{63}$

   15 分解为 2 和 13

   $48 + 2 = 50$
   $50 + 13 = 63$

> 48非常接近50。我可以使用十加策略!48个还需要2来得到下一个10,即50个。我可以将15分解为2和13。首先,我可以加48 + 2 = 50。然后我可以相加其余部分,即50 + 13 = 63。

第十八课: 将个位数之和不同的一对两位数相加,然后比较不同记录方法的结果。

单位的故事 第十八课家庭作业 1•6

姓名 _____ 日期 _____

使用你喜欢的任何方法来求解以下习题。

1.
   61 + 15 = _____

2.
   16 + 51 = _____

3.
   37 + 45 = _____

4.
   27 + 46 = _____

5.
   58 + 27 = _____

6.
   38 + 48 = _____

第十八课： 将个位数之和不同的一对两位数相加，然后比较不同记录方法的结果。

使用您喜欢的任何策略来求解以下习题。

1.
$$64 + 33 = \underline{97}$$

60 4 30 3

$$60 + 30 = 90$$
$$4 + 3 = 7$$
$$90 + 7 = 97$$

> 我可以使用双数字键并分解两个数字。我可以将十位数加到十位数，6个十 + 3个十 = 9个十，再将个位数加到个位数，4个一 + 3个一 = 7个一。然后，我将所有的十位数和个位数加起来，即9个十 + 7个一 = 97

2.
$$37 + 35 = \underline{72}$$

30 5

$$37 \xrightarrow{+30} 67 \xrightarrow{+5} 72$$

> 我可能只想分解其中一个数字。如果我将35分解为30和5，我可以先加30，再加5。箭头方式是我可以表达自己想法的一种方式。

3.
$$38 + 25 = \underline{63}$$

```
  3 8
+ 2 5
 ─────
  1
  6 3
```

> 我可以使用的另一种策略是绘制快速十和一的图形。8个一 + 5个一 = 13个一。我可以打包个位数的10得到1个十。我还有3个一。3个十 + 2个十 + 1个十 = 6个十。有6个十和3个一！

姓名 _____   日期 _____

使用你喜欢的策略来求解以下习题。

1. 53 + 22 = _____

2. 23 + 52 = _____

3. 76 + 14 = _____

4. 76 + 16 = _____

5. 55 + 35 = _____

6. 54 + 46 = _____

第十九课： 求解并分享不同和的两位数加法策略。

使用你喜欢的策略来求解以下习题。

7. 49 + 25 = _____

8. 49 + 45 = _____

9. 37 + 37 = _____

10. 37 + 57 = _____

11. 24 + 48 = _____

12. 26 + 68 = _____

1. 匹配

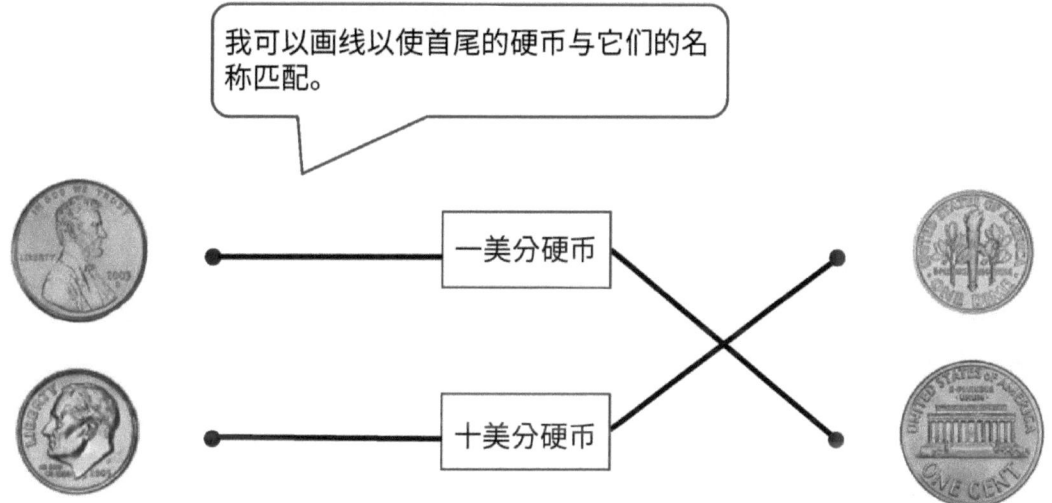

2. 划掉一些一美分硬币,使其余的一美分硬币显示左侧硬币的值。

第二十课: 通过其图像、名称或值来识别一美分、5美分和角币。使用美分和镍币分解镍币和角币的值。

3. 马库斯口袋里有 7 美分。绘画硬币以显示他有7美分的两种不同方式。

如果马库斯有1个镍币和2美分，他有7美分。

如果他有7美分，他还是有7美分。

4. 解题。画一条线使数字算式与给出答案的一个或多个硬币匹配。

一角钱价值10美分。我可以画一条线来匹配！

a. 1美分 + 1美分 = 2美分

b. 15美分 — 5美分 = 10美分

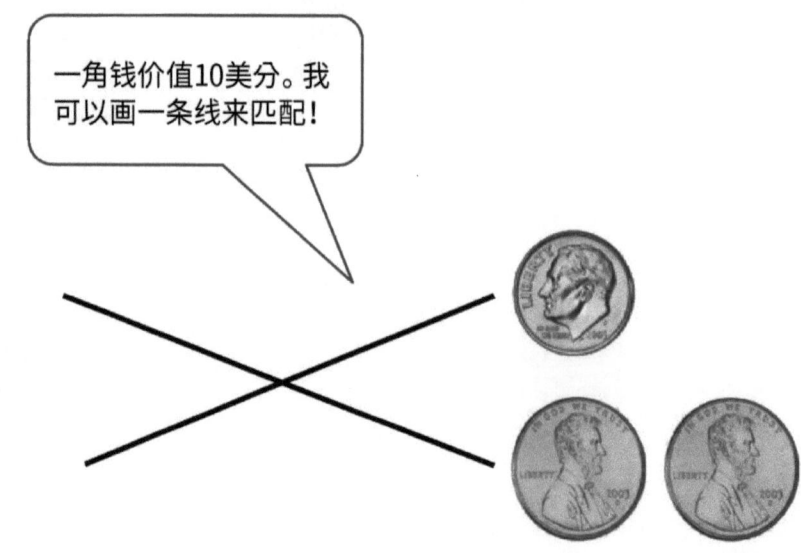

姓名 _____ 日期 _____

1. 匹配

　•　美分　•　

　•　5美分镍币　•　

　•　十美分硬币　•　

2. 划掉一些一美分硬币，使其余的一美分硬币显示左侧硬币的值。

a. 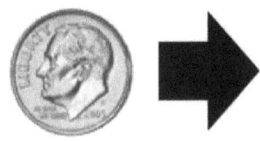 →

b.  →

3. 玛丽亚的口袋里有5美分。绘画硬币以显示她有5美分的两种不同的方式。

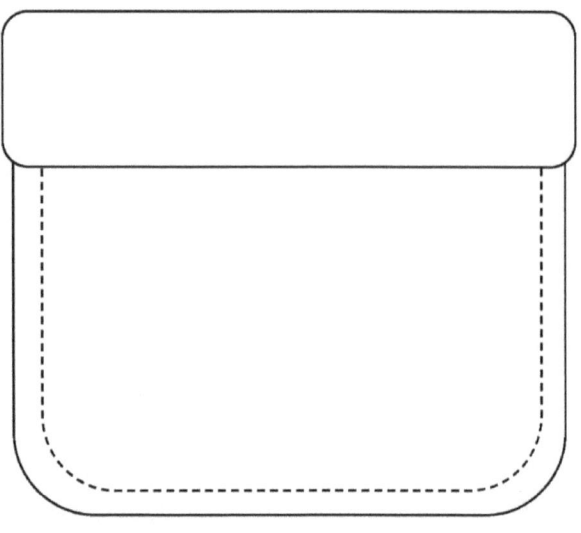
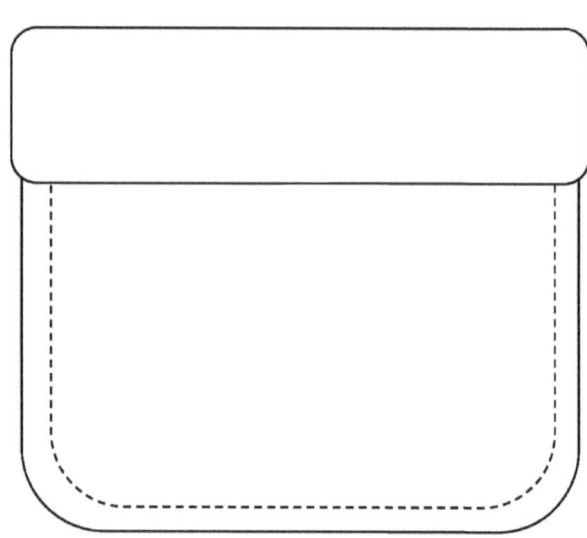

4. 解题。画一条线使数字算式与给出答案的一个（或多个）硬币匹配。

    a. 10美分 + 10美分 = _____ 美分　　●　　　　●　

    b. 10美分 - 5美分 = _____ 美分　　●　　　　●　

    c. 20美分 - 10美分 = _____ 美分　　●　　　　●　

    d. 9美分 - 8美分 = _____ 美分　　●　　　　●　

1. 使用词库来标记硬币。

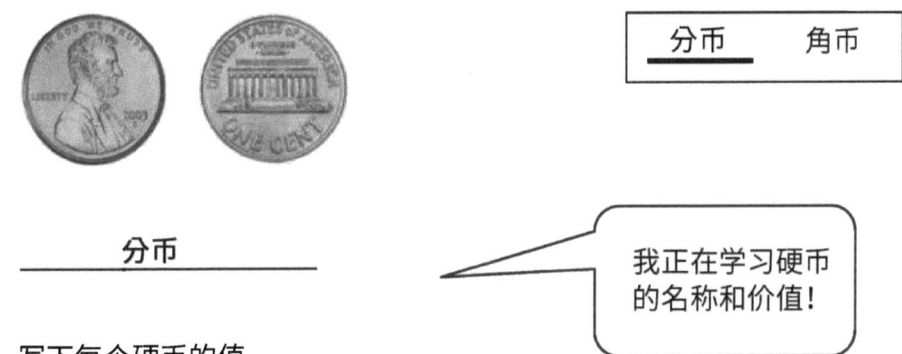

分币　　角币

_____分币_____

我正在学习硬币的名称和价值！

2. 写下每个硬币的值。

   1个一美分硬币的值是 **1** 美分。

3. 你爸爸说他会给你1个角币或1个美分硬币。您会选择哪一个?为什么?

   我会选择 1 个角币，因为它值 10 美分。一美分硬币只值 1 美分。

   我会选择角币，因为它钱更多！

4. 基拉有 10 美分在她的存钱罐里。她的存钱罐里可能有哪些硬币? 绘图显示基拉的存钱罐中可能装有不同的两组硬币。

姓名 _____ 日期 _____

1. 使用词库来标记硬币。

   角币 镍币 美分硬币 两角五分硬币

   a. _____ b. _____ c. _____ d. _____

2. 写下每个硬币的值。

   a. 一个角币的值是 _____ 美分。

   b. 一个美分硬币的值是 _____ 美分。

   c. 一个镍币的值是 _____ 美分。

   d. 一个两角五分硬币的值是 _____ 美分。

3. 你妈妈说她会给你1个镍币或1个两角五分的硬币。你会选择哪一个？为什么？

   _____

   _____

   _____

   _____

4. 李的存钱罐里有25美分。他的存钱罐里可能有哪些硬币?

   a. 绘图以显示李的存钱罐里可能有的硬币。

   b. 画一组可能在李的存钱罐里的不同硬币。

1. 将标记与正确的硬币匹配，然后输入值。每个硬币名称可能有多个匹配项。

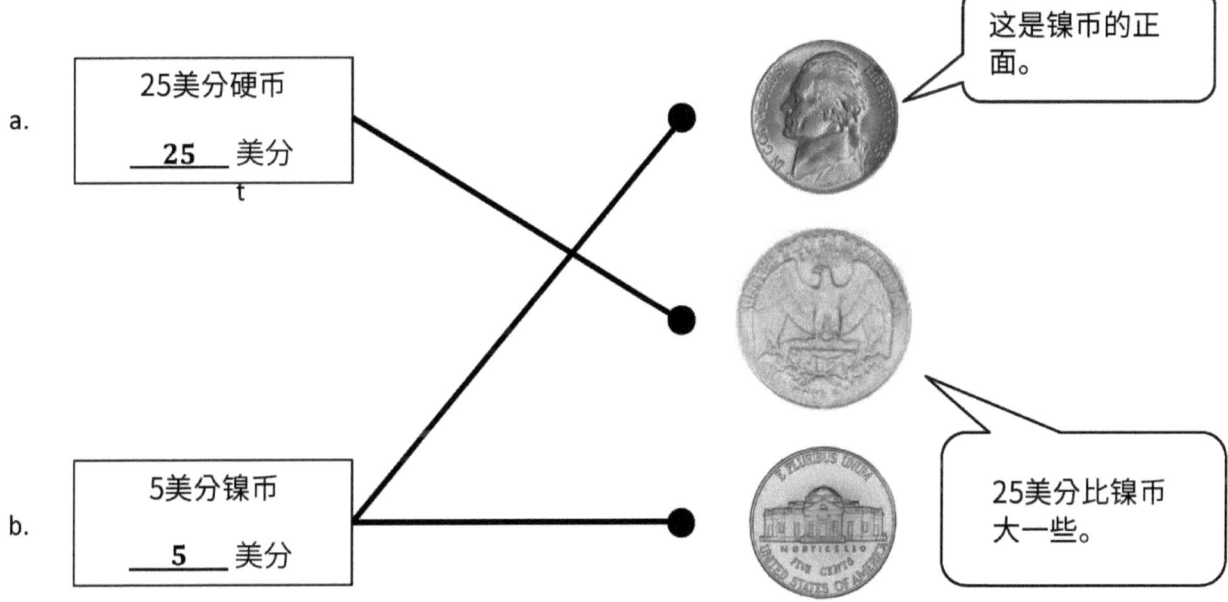

2. 布赖恩有 4 枚硬币在口袋里，拉里有 2 枚硬币。拉里的钱比布莱恩还多。画一幅画，显示每个男孩可能拥有的硬币。

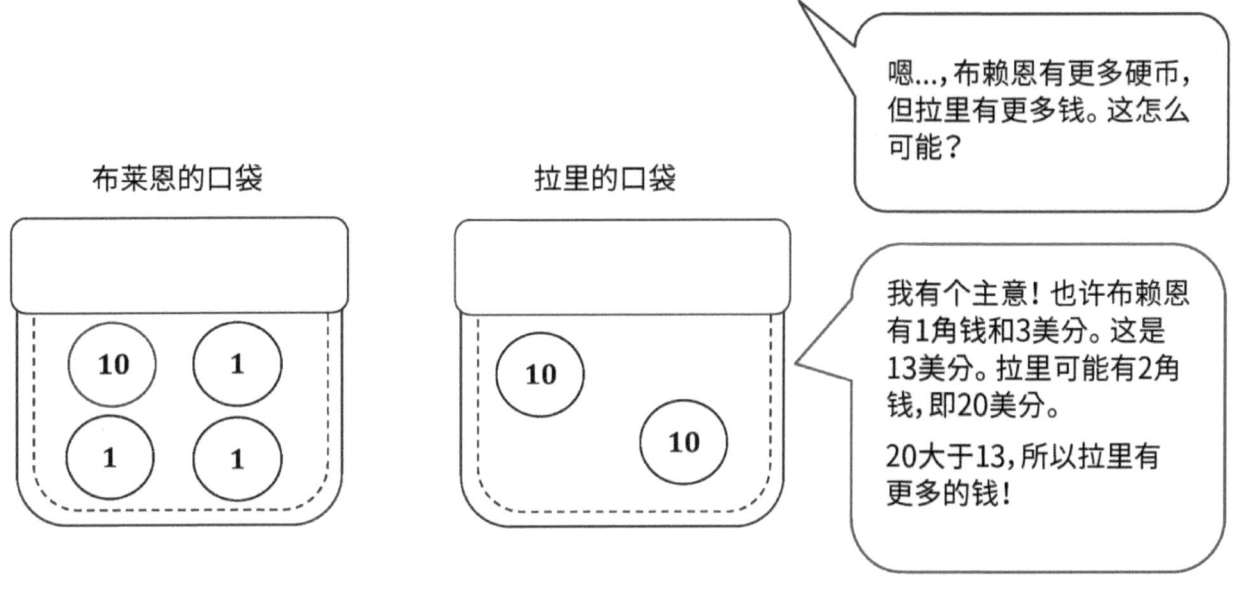

单位的故事　　　　　　　　　　　　　　　　　　　　　　第二十二课 家庭作业　1•6

姓名 _____　　　日期 _____

1. 将标记与正确的硬币匹配，然后输入值。每个硬币名称将有多个匹配项。

   a. | 5美分镍币 |
      | _____ 美分 |

   b. | 十美分硬币 |
      | _____ 美分 |

   c. | 25美分硬币 |
      | _____ 美分 |

   d. | 一美分硬币 |
      | _____ 美分 |

第二十二课：　通过图像、名称或值识别各种硬币。将一美分添加到任何硬币的值中。

2. 李的口袋里有一枚硬币，佩德罗有3枚硬币。佩德罗的钱比李多。画一幅画，显示每个男孩可能拥有的硬币。

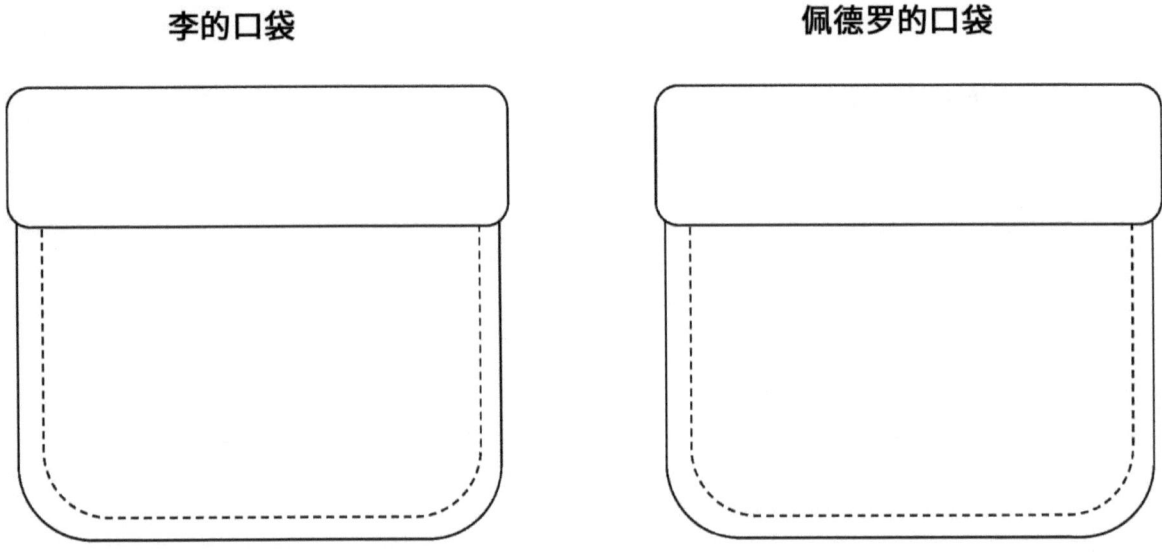

3. 贝利口袋里有4枚硬币，英格丽也有4枚硬币。英格丽比贝利拥有更多的钱。画一幅画，显示每个女孩可能拥有的硬币。

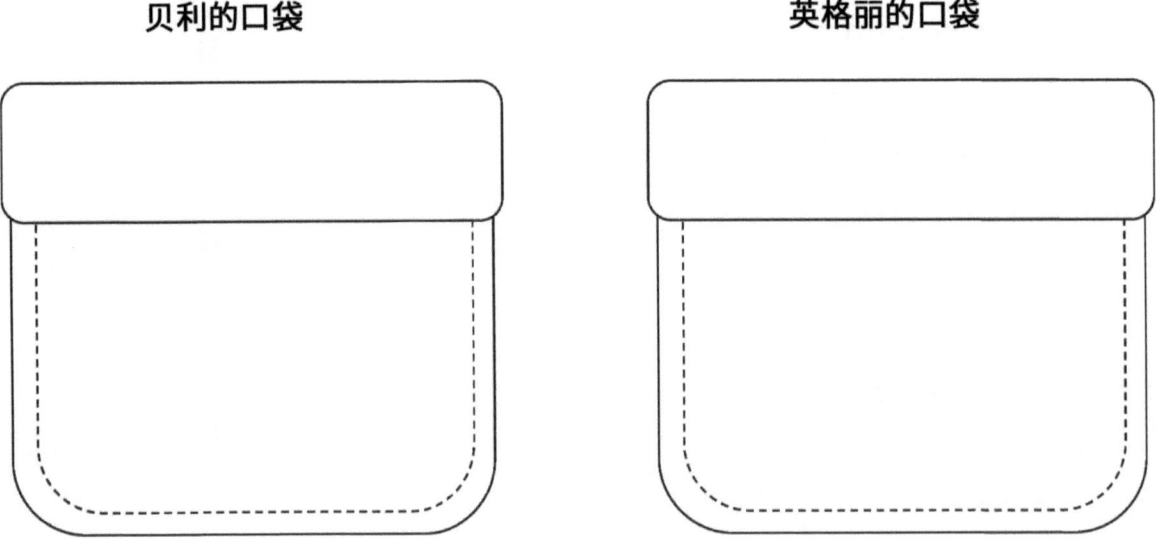

1. 加一分钱，以显示书面金额。

   一个镍币价值5美分。我可以从5开始计数。5, 6, 7。我又数了2，所以我画2美分。

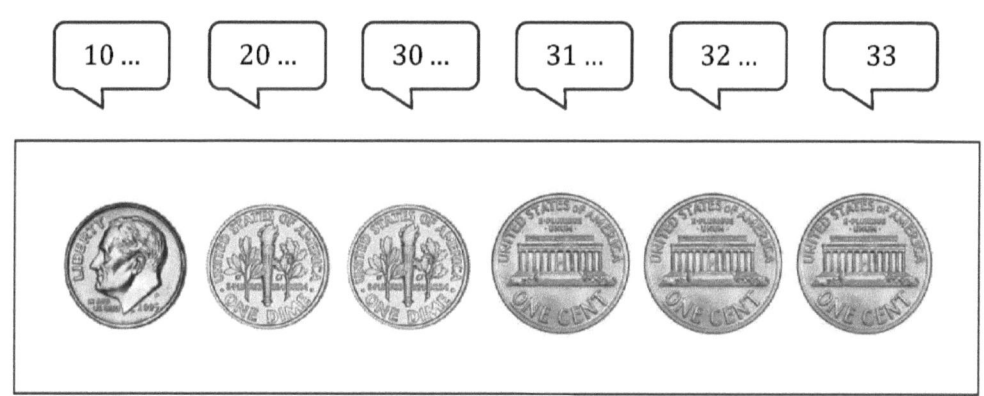

2. 写出一组硬币的值。

   10 …　20 …　30 …　31 …　32 …　33

   __33__ 美分

姓名 _____ 日期 _____

1. 加一分钱，以显示书面金额。

a.	15美分	
b.	28美分	
c.	22美分	 
d.	32美分	  

2. 写下每组硬币的值。

a.  _____ 美分

b.

_____ 美分

c.

_____ 美分

d.

_____ 美分

e.

_____ 美分

1. 求出每组硬币的值。完成位值图表。
   写一个加法算式以相加角币的值和美分的值。

1角钱 = 1个十。
有10个一角钱，所以是10个十。

1美分 = 1个一。

十(位数)	个(位数)
10	1

$100 + 1 = 101$

10个十 + 1个一与100 + 1相同。
$100 + 1 = 101$

2. 检查显示相同数量的集合。填写位值图表以匹配100美分。

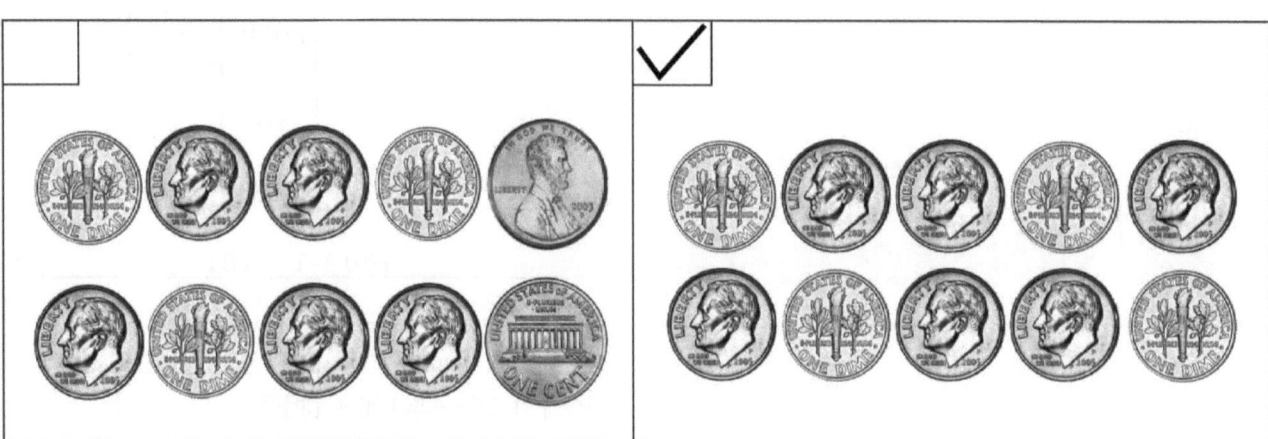

有8个一角钱和2个一美分，所以有8个十和2个一：80 + 2 = 82。这组显示82美分。

十(位数)	个(位数)
10	0

有10个一角钱和0个一美分，所以有10个十和0个一：100 + 0 = 100。这组显示100美分。

3. 用一角硬币和美分硬币绘画43美分。填写位值图表以进行匹配。

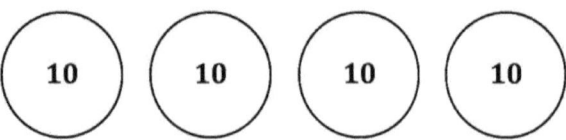

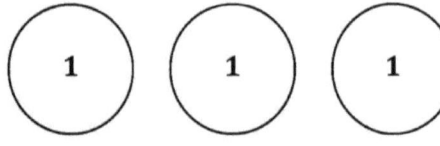

十(位数)	个(位数)
4	3

我可以用4个一角钱和3个美分得到43美分。这是4个十和3个一！

单位的故事

第二十四课家庭作业 1•6

姓名 _____ 日期 _____

1. 求出每组硬币的值。完成位值图表。
   写一个加法算式以相加角币的值和美分的值。

a.

十(位数)	个(位数)

_____

b.

十(位数)	个(位数)

_____

c.

十(位数)	个(位数)

_____

第二十四课: 使用角钱和美分表示120以内的数字。

275

2. 检查显示正确金额的集合。填写位值图表以进行匹配。

110美分

十(位数)	个(位数)

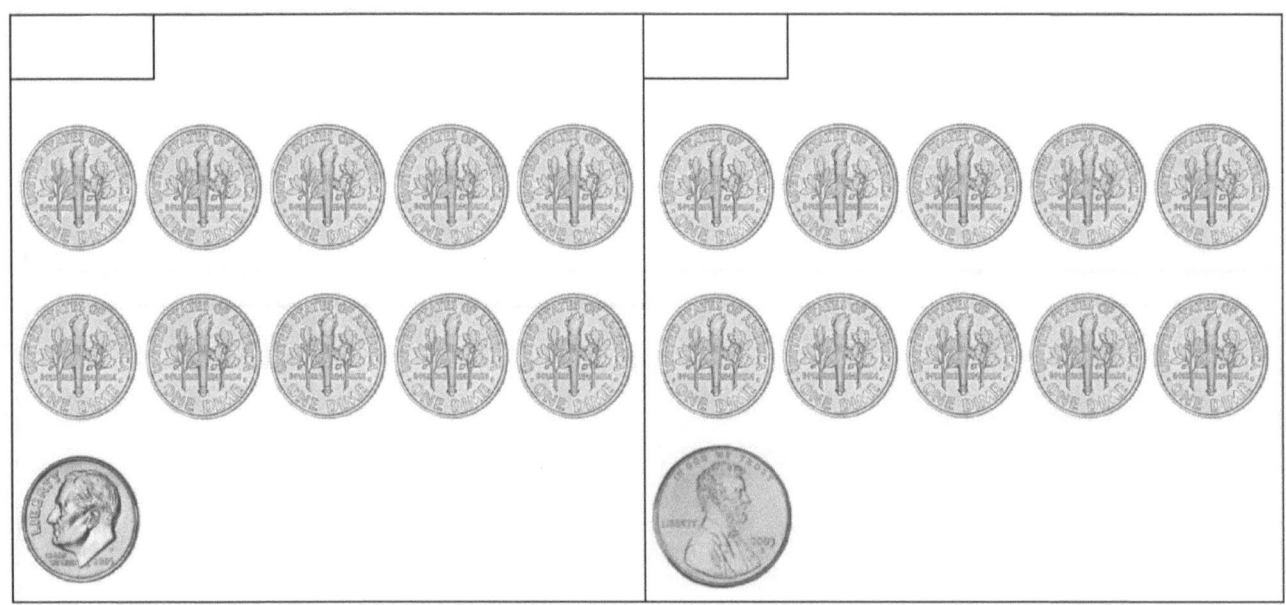

3. a. 用一角硬币和美分硬币绘画79美分。填写位值图表以进行匹配。

十(位数)	个(位数)

b. 用一角硬币和美分硬币绘画118美分。填写位值图表以进行匹配。

十(位数)	个(位数)

阅读文字题。
绘画带形图或双带形图并标记。
写一个数字算式和一个陈述以匹配故事。

1. 玛丽亚用 16 颗珠子做成手镯。玛丽亚用的珠子比金多 5 颗。金用了多少个珠子来制作手镯？

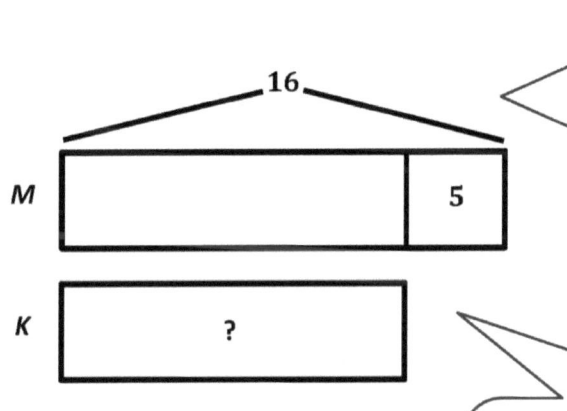

我可以画一个双带形图来比较玛丽亚和金的珠子。我可以绘制玛丽亚和金的相同长度的带形。因为我知道它们没有相同数量的珠子，所以我问自己，谁的珠子更多？玛丽亚！她的珠子比金多5颗。我会在玛丽亚的带中添加更多内容，并用5标记，因为她的珠子比金多5个。

$16 - 5 = \boxed{11}$

金用了 11 颗珠子。

我可以画手臂将玛丽亚带形的两个部分都包括在内，因为整个长度是16。玛丽亚带形的第一部分与金相同，因此，如果我弄清楚玛丽亚的第一部分，我也会知道金的带形！

2. 利奥采摘 14 颗草莓。利奥比艾格尼丝采摘的草莓少4颗。艾格尼丝摘了多少草莓？

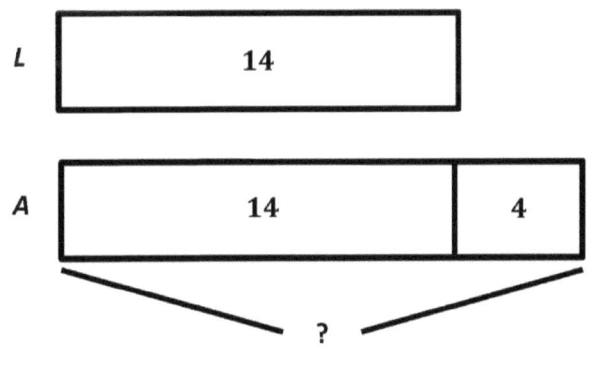

$14 + 4 = \boxed{18}$

艾格尼丝采摘 18 颗草莓。

我放慢速度,仔细阅读习题的每个部分。如果里奥比艾格尼丝少采摘4颗草莓,那么阿格尼丝比里奥多采摘4颗！这是一个加法题,而不是减法！

姓名 _____   日期 _____

阅读文字题。
绘画带形图或双带形图并标记。
写一个算式和一个陈述以匹配故事。

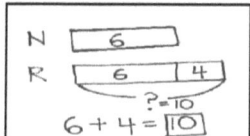
带形图示例

1. 朱利奥在广播中听了7首歌。李比朱利奥多听了3首歌。李听了几首歌？

2. 莎妮卡抓到14只瓢虫。她比威利少抓了4只瓢虫。威利抓了几只瓢虫？

3. 搬到新家时，罗斯比姐姐多包装了3箱。她姐姐装了11箱。罗斯包装了几箱？

4. 塔姆拉装点了13块饼干。塔姆拉装点的饼干比艾米少2块。
   艾米装点了多少饼干？

5. 罗斯的兄弟打了12个网球。罗斯比她的兄弟少打了6个网球。罗斯打了多少个网球？

6. 达内尔用他的相机拍摄的照片比凯安娜多出5张。他拍了13张照片。
   凯安娜拍了几张照片？

阅读文字题。
绘画带形图或双带形图并标记。
写一个数字算式和一个陈述以匹配故事。

1. 鲁宾有 13 支记号笔。纳什拉比鲁本少 4 支记号笔。纳什拉有多少记号笔?

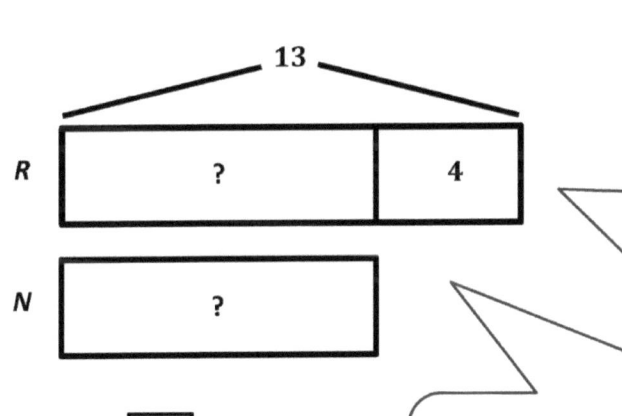

我可以为鲁本和纳什拉绘制一个相等带形的双带形图。既然我知道它们没有相等数量的记号笔,我问自己,谁拥有更多的记号笔?由于纳什拉的记号笔较少,而且我知道鲁本的记号笔多4支,因此我将在鲁本的带形中添加更多,并用4标记,因为他多4支记号笔。

我可以画手臂以显示鲁本的总数,这是13支记号笔。纳什拉带形的第一部分与鲁本的相同,因此,如果我算出鲁本的第一部分,我会知道纳什拉有多少记号笔。我可以用减法求解。

$13 - 4 = \boxed{9}$

纳什拉有 9 支记号笔。

2. 埃米尔发现有 12 片叶子在操场上。他找到的叶子比佩顿多 3 片。佩顿找到了几片叶子?

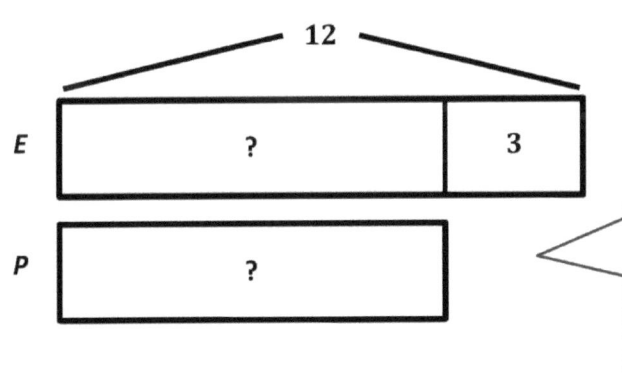

$12 - 3 = \boxed{9}$

佩顿发现 9 片树叶。

我必须仔细阅读习题的每个部分。有时更多并不意味着要相加!由于埃米尔比佩顿多发现3片叶子,因此我必须减去以求出佩顿发现了多少叶子。

姓名 _____   日期 _____

阅读文字题。
绘画带形图或双带形图并标记。
写一个算式和一个陈述以匹配故事。

带形图示例:

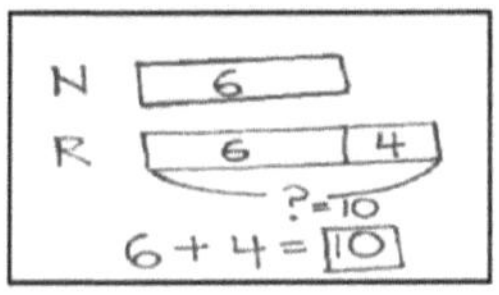

```
N [    6    ]
R [    6    | 4 ]
       ?=10
    6 + 4 = [10]
```

1. 法蒂玛从学校步行15个街区回家。本步行8个街区。
   法蒂玛放学回家要比本回家要多走多少街区？

2. 玛丽亚买了一只装有13个草莓的篮子。达伦买了一个篮子里面的草莓比玛丽亚多4个。达伦的篮子里有多少草莓？

3. 塔姆拉有5本从图书馆借出的书。金有11本从图书馆借出的书。塔姆拉借出的书比金少多少？

第二十六课：　求解较大或较小未知数习题类型的比较。

4. 凯安娜从树上摘下了12个苹果。她摘的苹果比威利少了6个。威利从树上摘了几个苹果？

5. 在课间休息期间，埃米发现了16块岩石。她发现的岩石比彼得多5块。彼得找到了几块石头？

6. 一年级橄榄球队有12名球员。一年级球队的球员人数比二年级球队少6名。二年级球队有多少名球员？

单位的故事　　　　　　　　　　　　　　　　第二十七课家庭作业助手　1•6

阅读文字题。
绘画带形图或双带形图并标记。
写一个数字算式和一个陈述以匹配故事。

1. 一些孩子在体育馆里玩。有5个孩子参加进来，现在有14个孩子。一开始有多少个孩子在体育馆里？

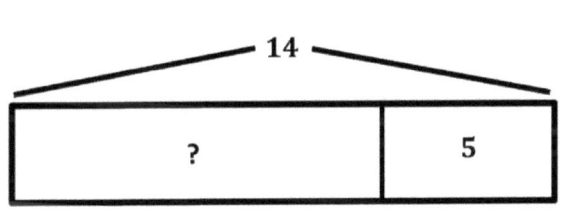

$14 - 5 = \boxed{9}$

一开始，9个孩子在体育馆里。

> 这题有点棘手，因为我不知道刚开始有几个孩子在玩。这是我的未知数！当我开始解读一个算式并绘画时，它会有所帮助。

> 我的图形显示我知道整体和一个部分。我可以用减法求出一开始有多少孩子在玩。或者，我本可以使用加法来求解：___ + 5 = 14.

2. 彼得骑了11分钟的自行车。贝莱骑了7分钟。贝莱的自行车骑行时间短了多少？

P | 11
B | 7 | ?

$7 + \boxed{4} = 11$

贝莱自行车骑行短 4 分钟。

> 由于我这次进行比较，因此绘制了双带形图。由于彼得骑自行车的分钟数多，所以他的带形比贝莱的更长。我可以使用加法来求解缺少的部分，这是4分钟。

第二十七课：　分享并评论同伴求解不同类型习题的策略。

姓名 _____ 日期 _____

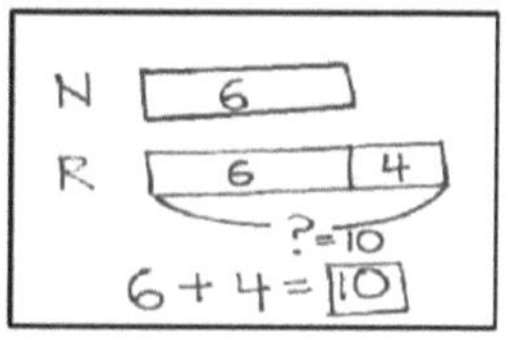

阅读文字题。
绘画带形图或双带形图并标记。
写一个数字算式和一个陈述以匹配故事。

带形图示例

1. 8名学生排队去看美术展。还有一些学生排队听音乐。然后，有12名学生在排队。有多少学生排队听音乐？

2. 彼得骑着自行车走了5个街区。罗斯骑着自行车走了13个街区。彼得的行程短了多少？

3. 李和安东在步行中收集了16片叶子。九片叶子是李的。安东有几片叶子？

4. 球队数了网内有11个足球。他们在网外数的足球少5个。网外有多少个足球？

5. 朱利奥看见有14辆汽车从他的房屋旁边开过。朱利奥比莎妮卡多看到6辆汽车。莎妮卡看到几辆汽车？

6. 一些学生正在吃午餐。有四个学生加入了他们。现在，有17名学生在吃午餐。一开始有多少学生吃午餐？

1. 教授家人一些我们的数数活动。与你共同检查你进行的所有活动。

   ☐ 快乐数一数。
   ☒ 快乐数十数。
   ☒ 以一计数说十法。
   ☐ 以十计数说十法。
   首先，从0开始，然后从7开始。
   ☒ 运动计数 — 进行下蹲，手臂滚动和开合跳等动作时计数。

   > 我可以与家人或朋友一起练习这些有趣的数学游戏，以使我的数学技能在整个夏季保持机敏。

2. 写出从96到115之间的数字。

96	**97**	98	99	**100**	101	**102**	**103**	**104**	**105**
106	**107**	**108**	**109**	**110**	111	**112**	**113**	**114**	**115**

3. 以十为单位从82倒数到2。

   82, **72**, 62, **52**, **42**, **32**, 22, **12**, **2**

> 一年四季练习数学游戏，例如"快乐计数"，有助于我向前和向后计数。看，我可以从一数到超过100，然后以十倒数！在我上一年级的时候不能做这两件事。现在，我可以轻松做到。

姓名 _____   日期 _____

1. 教授家人一些我们的数数活动。与你共同检查你进行的所有活动。

    ☐ 快乐数一数。
    ☐ 快乐数十数。
    ☐ 以一计数说十法。
    ☐ 以十计数说十法。首先，从0开始；然后，从7开始。
    ☐ 运动计数 — 进行下蹲，手臂滚动和开合跳等动作时计数。

2. 写出从91到120的数字：

91		93							

				105					

								119	

1. 以十为单位从97倒数到7。

    97, _____, 77, _____, _____, _____, _____, _____, _____, _____,

4. 在纸张背面，请尽可能多地写出20以内的和与差。圈出在年初感到困难的数字！

在熟练度的庆祝活动中,教授家人你最喜欢的数学游戏。描述一下教授游戏的感觉。容易吗?困难?为什么?

我教授妈妈如何玩数学游戏"缺少的部分:变成十"。我习惯了向老师学习如何玩数学游戏,然后和朋友一起玩。教我妈妈很有趣,但是有点困难。尽管我会玩游戏,但有时我还是忘了向她解释一些重要的部分。

> 我可以从我们的一个数学中心挑选一个数学游戏,然后教给我的一位家庭成员。我知道自己一个人玩游戏的方法,但有时你会通过把它教授给其他人来学习一些东西。当我不得不向妈妈展示我们需要做什么时,它帮助我想到得到十的方法。

第二十九课: 庆祝10(和20)以内加减法熟练度的进步。组织有吸引力的暑假练习。

你今天在数学课上做什么？

今天，我装饰了暑假数学套装的一个数学文件夹。我用今年在数学中学到的所有东西的图画装饰我的文件夹。我画了加减法数字算式，5-组图画和数字键。我还绘制了快速十，位值图表以及不同的二维和三维形状。这些只是我今年在数学中学到的一些东西。我会试着去每天和一位家庭成员一起练习暑假套装，这样我就可以准备上数学二年级！

我的夏季套装包括

- 一个30课夏季套装。
- 单面数字或5-组卡。
- 5个核心熟练度冲刺和其他1年级冲刺练习。
- 核心熟练度差异化练习集。

第三十课： 为要带回家的解题方法创建文件夹封面，以说明本年度的学习情况。

鸣谢

Great Minds®竭尽全力获得转载所有版权教材的许可。如对任何版权材料的拥有人未在此致谢,请联系Great Minds,以在未来的版本以及本模块的转载中获得正确的致谢。

Printed by Libri Plureos GmbH in Hamburg, Germany